尽 善 尽 美   弗 求 弗 迪

别闹，情绪

孙正元◎著

電子工業出版社.

Publishing House of Electronics Industry

北京·BEIJING

内 容 简 介

本书是作者针对各种人群在工作和生活中的情绪调节问题集中研究的成果。在内容上，本书以浅显易懂的方式深入解读了情绪心理学的研究成果，并提出了"从情绪调节到情商养成"的心灵升华路径。在现今压力越来越大的环境下，本书对期望改善自身的心理状况、提升个人的情商智能的普通读者，将起到积极的指导作用。

图书在版编目（CIP）数据

别闹，情绪 / 孙正元著. —北京：电子工业出版社，2021.5
ISBN 978-7-121-40924-0

Ⅰ. ①别… Ⅱ. ①孙… Ⅲ. ①情绪 – 自我控制 – 通俗读物 Ⅳ. ①B842.6–49

中国版本图书馆CIP数据核字（2021）第058888号

责任编辑：杨　雯
印　　刷：三河市鑫金马印装有限公司
装　　订：三河市鑫金马印装有限公司
出版发行：电子工业出版社
　　　　　北京市海淀区万寿路 173 信箱　邮编　100036
开　　本：720×1000　1/16　印张：17　字数：253 千字
版　　次：2021 年 5 月第 1 版
印　　次：2021 年 5 月第 1 次印刷
定　　价：58.00 元

凡所购买电子工业出版社图书有缺损问题，请向购买书店调换。若书店售缺，请与本社发行部联系，联系及邮购电话：（010）88254888，88258888。
质量投诉请发邮件至zlts@phei.com.cn，盗版侵权举报请发邮件至dbqq@phei.com.cn。
本书咨询联系方式：（010）57565890，meidipub@phei.com.cn。

你为什么要品读这本书

越是在开放、竞争的环境中，情商作为一种成功特质的作用力就越强——这是一种趋势，同时也是任何人生存在这个社会中必须要面对的人生挑战。所以，如果你希望自己更成功，或者更快乐、更幸福，你都需要深谙情商养成之道。

高情商并不是天生的特质，更多靠的是后天的修养。更进一步来说，情商修养的核心就是对自我情绪的觉察和控制，并促成我们朝向更积极、更稳健的情绪人生发展。

本书是一部通往高情商之路的心灵指南。这本书中的大多数情绪调节原理和实用策略，在心理学的研究中和广泛的社会应用领域中都得到过深入的实践论证，它们都是简单易懂，并且切实有效的。

依据心理学的解释，情商修炼的第一步是自我体认和了悟。我们每天都要经历各式各样的情绪，如果我们能够在经历这些情绪时，即时生起观照，习惯性地觉察出自我情绪的变化，就达到了自我体认和了悟的心理境界。情商修炼的第二步是情绪的自我控制和引导。情商的修养必须通过有意识的自我控制和引导来实现，而控制和引导是一门艺术，这在本书内容中是重点。情商修炼的第三步是情绪的自我升华。当你懂得对自己的情绪即时生起观照，懂得时刻控制和引导，那么自我升华是一个自然而然的过程，因为你会逐渐习惯在情绪来临时以"体验之心"感受自己的心，而不是以过激的行为应对面前的事件。这三个步骤就是本书的内在逻辑。

　　本书的内容并不深奥，但本书并不适合快速阅读。你需要静下心来，用心去品味书中无数心理学大师研究的成果。只要你用心，让心灵懂得接纳，你的情商修炼旅途就已经在你面前徐徐展开！

如何在情绪的世界里
生活得更好、更幸福

天有不测风云，月有阴晴圆缺，人有旦夕祸福。这些情境折射到人们的身上就产生了悲欢离合、喜怒哀惧的情绪。各种情绪的叠加、混合，使得人们的情绪变得更加丰富多彩，于是又有了喜忧参半、悲喜交加、惊喜不已，等等。

情绪是一种利弊均有的内心体验，它集建设性与破坏性于一身。它既会引导我们以恰当、现实的方法做事，也会让我们因做错事而接受冲动的惩罚。但这并不意味着人们甘愿做情绪的奴隶，受情绪的支配。人们还应该能够调节情绪。情绪是洪水，我们的理智就是管束情绪洪水的一道闸门。

情绪是一种抉择，
而非事件的结果

在古老的西藏，有一位叫爱地巴的男人。他有一个很有意思的习惯，就是每当与他人要起争执的时候，便会以最快的速度跑出家门，绕着自家的房子和土地跑上三圈，然后坐在田地边喘气。后来他的孙子问起他这样做的原因，他说："年轻时，当我碰到生气、吵架之类的事情时，就会绕着房和地跑三圈，我一边跑一边想，我的房子这么小，田地这么少，我哪有时间和资格去跟人家生气？后来我富有了，但依然保持着这样的习惯，我会一边跑一边想：'我的房子已经这么大，土地已经这么多了，我又何必跟他们斗气呢？'想到这儿，我的气就消了。"

有的人将情绪归因于他人或外界因素，但事实上，情绪是一种抉择，而不是任何事情的结果或成果。你完全有能力做到驾驭自己的情绪，因为你才是情绪的主人。

能真正成为情绪主人的人，往往是情商极高的人，他们能够将各种情绪控制得恰到好处，做到收放自如。在人际交往中，这些人常会凝聚极高的人气与好评。他们甚至比那些高智商的人更容易获得职位的提升与生活的幸福。

这种能力与人格特质并非生而有之。我们每一个人都可以拥有它，但需要有意识地去观察、体悟、培养，以及不断地进行修炼之后方能功到自然成。

一个小男孩正在与他的祖父聊天。他问祖父："你认为这个世界是什么样子的？"祖父回答道："我感到有两只狼在我心中搏斗，一只充满愤恨，另一只充满爱、谅解与和平。"小男孩又问："哪一只将能打败对方呢？"祖父说："我平时喂养的那一只。"祖父的话正表明了这样一个道理：高情商要靠我们平时的学习、培养和修炼来获得。

你可以经由本书
通向情绪修炼和了悟的旅途

在你修炼自身情绪的过程中，系统了解情绪的相关知识，掌握恰当的、实用的情绪调节技巧与方法至为重要。本书的目的即在于此，它旨在帮助读者更清晰地分析与理解自身的情绪，并针对自身的情绪问题提供良好的解决途径，由此使读者在丰富多彩的情绪世界里生活得更好。本书的结构框架如下：

第一章　情绪认知

第二章　情绪觉察

第三章　情绪动机

第四章　情绪评价

第五章　情绪品质

第六章　情绪传导

第七章　情绪转移

第八章　情绪转化

第九章　情绪体验

这9章层层深入，环环相扣，涵盖了情绪问题的方方面面。

在内容结构上，本书的每一个要点都有相应的心理学案例导读、心理学原理解读，以及相关方面的实用技巧，从而保证了理论性与实用性的兼顾、知识性与可读性的融合。因此，无论是从内容上，还是从形式上，本书均不失为一本科学、全面、实用的情绪调节书。

在阅读这本书之前，需要给读者提供如下阅读方法上的建议：

第一，要静下心来阅读，不可急于求成。静心阅读才能有所收获，而在一种浮躁、急于求成的心态之下，你将不能真正走进书的世界里。

第二，要系统地阅读，不可断章取义。本书重在提供实用的方法，但每一种方法均不是万能的，也不是放之四海而皆准的，需要具体情况具体对待。因此，在阅读此书时，你不可断章取义地去寻找某种具体的方法解决自己的问题，而应该顺着本书的思路阅读。当你认真读完本书，自然就能形成属于自己的一套系统、独到的见解，从而能够娴熟、灵活地运用各种方法处理所遇到的问题。

第三，要重在体悟，不可生搬硬套。心理不在理解，而在感受。理解了的心理，未必能真正运用于你自己的生活之中。比如说，很多人都能够理解无根据的担心与焦虑不仅无益，而且有可能起反作用，却还是会不由自主地陷入一些既相当多余又毫无意义的焦虑情绪之中。

要真正解决情绪上的问题，关键不在于懂不懂，也不在于相信不相信，而在于你能否真正用心地去体悟其中的内涵与精髓。"体悟"一词，包含着理解但高于理解，是理解与个人的丰富经历、切身感受相结合后的产物，具有融普遍真理与特殊情况于一身的特点。唯有真正的体悟，才能有真正的收获与进步。

目录
catalogue

对内心生起的事物保持觉知，乃修炼之核心。

第一章

情绪认知

　　情绪这个词，对生活中的每个人来说是再熟悉不过，也再陌生不过了。我们是如此离不开它，然而令人吃惊的是，至今我们——科学家和普通人，对自己的情绪都知之甚少，即便情绪对我们的生活质量具有决定意义的影响。

　　认知情绪，解开情绪的密码，是情商力修炼的第一步。

　　究竟什么是情绪？它产生的根源何在？谁才是情绪的真正主宰者？面对情绪问题最基本的态度是什么？有关这些疑问，本章将带读者一同探索。

情绪代表着能量的流动，疏则通，堵则郁。

情绪新视角

——一股涌动的能量

在日本，有些头脑精明的董事长和厂长将自己的形象制成橡皮模具，让模具的高矮胖瘦、面部五官和自己相差无几。模具被置于一间"出气室"内，凡心中有气没处出的员工，都可以到出气室内对着上司的模具拳打脚踢、大声怒骂，将怨气统统发泄出来。出了气，员工心理得以平衡，工作效率自然提高了。

在心理学中，这种出气方式不被提倡，因为它并非是一种积极的问题解决方式。但这种方式所体现的"情绪能量宣泄"具有一定的科学性。情绪，这一被我们诠释成"喜悦"或"愤怒"等特定刺激下的种种反应，表面上是内心的感受经由身体表现出来的状态，而本质上是一股涌动的能量。用科学的术语来说，情绪其实是频率与波长不同的振动，有些快，有些慢，有些强，有些弱，有些完全不规则，有些在两个极端波动，每个人都可能有上百种甚至更多的能量波动，不同种类与不同程度的能量波动代表着不同的情绪。

近些年来风靡美国的情绪能量心理疗法，便是建立在将情绪视为能量的心理原理基础之上的。情绪能量心理疗法认为，负面的情绪导致了人体内的能量系统混乱，并成为人类所患心理与精神疾病的根源。通过拍打等方式刺激体内的经络穴位，净化体内的能量系统，引导正面的情绪能量，便能让体内的精神能量系统恢复平衡，从而有效消除负面情绪，消除心理与精神疾病。

这与中国的气功、针灸原理不谋而合。中国的针灸疗法在 20 年前还不被西方主流医学界认同，但如今针灸在西方已经家喻户晓。针灸通过对人体内能量系统的刺激而达到的改善情绪状态的作用获得西方医学界的广泛赞誉。博大精深的中医原理也使西方医学界认识到我国对情绪能量在身体各个组织器官中的活动规律所做的研究的贡献。中医经典《素问》中说："人有五脏化五气，以生喜怒哀忧恐。"其中，肺主悲、忧，过于悲忧则伤肺；心主喜，过于喜乐则伤心，如高兴过度可能会导致心脏病发作；肝主怒，过怒则伤肝；脾主思，过于思虑则伤脾；肾主惊，过度惊吓会影响肾的生理功能。

外界事物对人的刺激是情绪形成的直接诱因，而形成何种情绪，以及这种情绪是强还是弱则取决于每个人的脏腑精气之盛衰。中医常说的"心气虚则悲，实则笑不休""血有余则怒，不足则恐"便是这个道理。虚与实、余与不足等都代表着一种能量状态，在外界事物的刺激下，这种能量状态经由神经系统的作用便形成了人的各种情绪。

情绪能量只是人体复杂能量系统中的一种形式。早在几千年前，印度的瑜伽大师们就发现，人有七个基本的组成部分：肉体、性灵体、生命力、本能思维、智力思维、精神思想和心灵。其中，本能思维便是情绪的驻扎地。情绪能量在这七个层次中处于正中间的位置，是身、心、灵的交叉点。洛伊·马提纳正是据此提出了"连接身体与心灵的自然愈合能力，最强而有力的途径就是情绪"的论断。情绪属于一种本能，这对理解情绪是一种能量形式很有帮助。我们的情绪会依据我们对周遭世界的诠释来导引行为，然而更多的时候，情绪的出现并非是有意识的，它们的反应乃是过去的经验所塑造的模式。每当新的经验引发了旧有的情绪，我们就可能受到它的挟持与控制，从而不能自如地掌控自己的生活。

情绪作为体内的一种能量，遵守着一定的能量运行规则，其中之一就是能量守恒。情绪一旦产生，就不会消失，它可以改变形式或者变成物质，但永远会留下记忆或能量场。神经生物学家研究发现，未解决的各种情绪能量和思想、记忆，会由体内一种担任信差的化学物——神经缩氨酸传递到身体里的每个细胞，传达我们所想到的每个念头以及感觉到的每个情绪。情绪的信息被储存在所有的器官与细胞之中，这种现象就是"细胞记忆"。因器官移植手术而移植了记忆的案例便证明了这一点。比如，一位换心人因接收了捐赠者的记忆而侦破了一件谋杀案。一位妇女在接受了换心手术之后，开始迷上了啤酒与汉堡，与捐赠者曾经的情形一模一样。

情绪若不能被妥善处理，便会形成一种无法控制的能量形式，这种能量形式被心理学家马丁纳称为"自由基能量"。这是一种类似于高度反动的自由基分子，是一种因缺少维生素 C 之类的抗氧化物而导致的新陈代谢毒素。这种毒素的不断累积会在体内形成一股乱流，瓦解体内的细胞电子场，引发生化反应的紊乱与故障，影响身体器官与能量系统的正常运行。

未解决的情绪毒素是极为有害的。长期不恰当地处理沮丧抑郁的情绪，可能导致结石或其他胆囊疾病。长期的焦虑与担忧会影响胃经，可能导致胃溃疡与胃炎。长期地压抑愤怒更会导致各种疾病。乳腺癌研究证实：容易动怒的妇女，患恶性肿瘤的比例高于患良性肿瘤的比例；而且患癌症的妇女对于自己动了怒容易感到抱歉，即使她们感觉自己是正确的；患良性肿瘤的妇女则倾向于沉浸在愤怒与生气之中，需要较长时间才能解脱出来。

　　而另一项有效的研究发现：没有患肿瘤的妇女虽然也容易动怒或产生脾气，但她们很快便能重新设定焦点，将精力转移到令她们心情愉悦的目标上去，从而获得彻底的放松。

　　由此看来，情绪代表着能量的涌动，疏则通，堵则郁。正确认识与处理情绪，需要注意以下几个方面。

　　警惕情绪乱流。消极情绪是一种能量乱流，有害于身心健康。因此，要小心你对周围的人或环境所持有的任何负面情绪，如敌意、批判或冷漠，等等，这些情绪能量首先是对你自己身心的干扰，其次才是对别人的干扰；同时，要小心你因为各种不顺利的境遇而产生的任何负面情绪，如急躁、愤怒、忧伤、悲观，等等，这些情绪能量不仅无济于改善你的境遇，而且会消耗你的生命能量，使你朝更糟的状况发展。

　　接纳而非排拒你的消极情绪。消极情绪虽然有害，但它的出现与积极能量一样，都代表着一种涌动的能量，因此，你必须关注它们、尊重它们、接纳它们。当你察觉到你正在受到一些消极情绪的干扰时，不管是疲惫、无聊，还是烦躁不安，或者是非常有理由的嫉恨或压力，将这些情绪感受只看作一些扰乱你的能量乱流，接纳这些感觉，爱这些感觉，然后宽恕自己或别人，这是消除情绪乱流阻力的最经济的方法。

　　及时排遣你的消极情绪。负面情绪作为体内的一种能量乱流，需要及时排遣出去，否则，这种能量在体内会产生膨胀效应，成为无法控制的能量形式，在这种情况下，一个微小的坏事因子，都可能引起剧烈反应。因此，不要沉溺于消极情绪之中。要知道，情绪只是一种能量，除去消极情绪，就好像放弃一样有害的东西。既然如此，有什么好留恋的呢？当然，情绪排遣的方式要恰当，或转移、或缓解、或发泄，总之要以对自身与对他人伤害都最小为原则。

　　学会关注、制造积极情绪。从一定程度上说，体内的积极能量越多，越占上风，就会排挤掉消极能量所占的空间，有利于协调体内的各种机能，促使身体的内在机制处于稳定的最佳状态之中。因此，要学会关注、制造与培养自己的积极情绪，从而最大限度地保障自己的充沛能量。

知识专栏

增加幸福感的十种积极情绪

1.平静。是通过运用积极的方法，如彻底放松，减少负面压力和焦虑所造成的结果。冥想可以帮助我们的思想和身体感到完全放松。研究显示，在一个安全的环境中，我们每天只需实施 20 分钟的彻底放松，就能使思想和身体获益。

2.兴趣。寻找一些新奇又不同的事物来吸引你的注意力。兴趣建立在意识提升和反调理的变革过程中。当你遇到一系列的挑战，你就面临着一个建立新技能的机会。

3.希望。显示出渴望事情变得更好：针对不健康习惯有更好的解决方案；拥有更好的情绪去克服焦虑和抑郁。正念不仅为减少诸如抑郁情绪等问题施予了希望，而且对主要由积极情绪来实现不再抑郁的人生施予了希望。

4.鼓舞。包括亲眼见识最好的人性。这些带有鼓舞性质的故事能够激励我们，温暖我们的心灵，并且让我们感同身受。鼓舞有着积极的、戏剧化的过程展现方式，这些激动人心的成功故事能够引发积极的感受。

5.敬畏。这是一种被让人震惊的美包裹住的感觉，就像日出几乎蓬勃了整个天际般那样的美，或者像有时盈满我们心房的对那种极致善举的仰慕之情。

6. 愉悦。它是开怀大笑的赠礼。你有最爱看的电视节目或电影吗？你有让你感到最快乐、最幽默的朋友吗？你最想看见的是什么？大笑可以成为我们没有足够的资源去满足当下诸多需求时的一种戏剧化的解脱方式。

7. 感激。是当好事来临时我们所形成的一种感谢之意，或者仅仅是对生活赋予了我们每一天这个礼物心存感恩。它激发了我们急于回馈的心愿。感激是塑造互助关系的关键成分。

8. 快乐。快乐可以成为驱逐黑暗的那一束亮光。有部电影名为《布拉格之恋》。快乐代表着"幸福不能承受之轻"。在很多时候，似乎所有的事情都不顺利，快乐难觅踪影，这时你要想一想：什么能让你快乐？你能通过温暖的回忆来重温一下快乐时光吗？

9. 骄傲。通过在我们极度感兴趣的领域成功地耕耘，可以生发骄傲之感。感到骄傲是巩固进步的一种方式：进步生发骄傲之感，骄傲之感又会催生更多的进步。

10. 爱。它反映了我们对生活中特定的人、行为、思想、体验和事物所持有的深深的眷恋。不知何故，爱似乎是生活中最积极的力量，但是有人却说，体验持久的改变比爱更具积极性。但爱确实是改变的基本要素，也是一种有效的情绪，它拥抱那些能够帮助你确信你正在进行改变的所有通向茁壮成长之路的方式。

自我排拒

——是什么引发了内心的乱流

> 压力和乱流并不是外在因素导致的，而是我们任由外在因素影响内在实相的结果。换言之，外在因素不会决定你的情绪与生活，它们显露的是你到目前为止所选择的种种自我形象。

　　一位漂亮的少妇，拥有一个漂亮的戒指。然而有一天，她心爱的戒指不翼而飞了。对她而言，这枚戒指是极具情感价值的：这是她祖母的戒指，祖母以前每天都戴着它，直到生病手太肿了戴不上了。她确信是一个每天来照顾祖母几个小时的女看护偷了戒指。为此她感到极其愤怒，她不理解怎么会有人如此冷酷无情，居然会做出这种事情。她想当面质问那个女人，又想立刻打电话报警。

　　对于这位少妇来说，无论她是当面质问，还是打电话报警，都显露了此时的她已经完全由事情本身所控制，无法有足够的视角去审视内在。也许她只需要静下心来，试着在内心深处感受（而非通过思考）几个问题："我是否了解有一天必须要放下这个戒指，而这一天也许很快就会到来？我还需要多少时间才能准备好放下它呢？当我放下它的时候，我拥有的东西会变得更少吗？这个损失会损害我的本质吗？"尤其是最后一个问题，当她能够真正地感觉到这些并不代表自我本质的损失时，她便能恢复平静。

　　我们常常陷入内心的乱流，陷入负面情绪的旋涡，即使我们已经过上了衣食无忧的富足生活，但我们依然不快乐，依然觉得心力交瘁。我们越前行，越感觉到离真实的自我越来越远。究竟是什么引发了内心的乱流？罗伊·马丁纳博士给予了我们答案——自我排拒。在马丁纳与病人打交道几十年之后，他形成了一个基本结论，就是所有内在的乱流或情绪压力，都源于自我排拒。所谓自我排拒，指的是满足于自我幻相而忽略了对真实自我的体验与关注，从而造成对真实自我的背叛、脱离与排斥。

在心理学看来，我们每个人都是真实我、理想我与现实我的结合体。真实我是我们灵性的本质，具有独特的个体气质。理想我是我们依从父母或他人、社会的要求形塑自我的形象。现实我则是真实我与理想我在某种形式上妥协的结果。为了每一次都能表现得更接近理想我，现实我就得每一次都背叛真实我。这就使得我们很多时候忽视了自我，也不清晰自己到底要什么，深深地被这个社会的主流价值所制约，心像浮萍一样不断地随波逐流。其结果就是我们越来越远离自己的心灵，没有足够的勇气面对真实的自己。

当我们背叛了真实的自我，远离了自我的本质时，我们常常会陷入自我的幻相之中。这个自我幻相是一个由深刻的"我不够好"以及由此而投射的"你不够好"而喂养起来的幻相。自我幻相与我们的本质相比，后者是爱，是喜乐，是宁静，是空寂，而前者则变化多端又狡猾无比，是虚假的自我。佛经里所说的"贪、嗔、痴、慢、疑"，既是自我幻相的因，也是自我幻相的果。自我幻相具有如下鲜明的特点：

◎ 身份认同——为自身贴上各种标签，将自身拥有的物质财富、所接受的教育、所经历的事件、形体相貌、工作职务、前世业力等视为自身的价值；

◎ "小我"意识——"这是我的""他对不起我""我一定

要""我需要""我是对的，别人是错的"是其惯常的思维方式；

◎ 归咎他人——因"我不够好"导致的"他人不够好"的思维，不能谅解与容忍他人同样存在的"小我"意识；

◎ 遗忘本体——倾向于向外诉求，把问题的焦点集中在外界因素上，而忽略了自身内在的感受与自我的本质；

◎ 迷失自我——你对自我的评价受限于别人眼中你的价值，别人如何看待你成为你看待自己的方式；依据被外界认可的程度创造出自我的种种形象，并依据被外界认可的程度排拒自我形象。

当自我的幻相不断膨胀，并不断排挤真实的自我时，我们就很容易陷入内心情感的乱流。因为幻相是不真实的，它的存在与喜怒哀乐建立在外界对其欲望的满足程度之上，而外界的因素当然都是不稳定且时刻变化的。在多变的外在因素的影响下，建立于其上的不真实的幻相，以及其所伴随的自我排拒，便是各种情绪，如抱怨、愤怒、焦虑、悔恨等产生的深层根源。

那么，如何克服虚幻自我与自我排拒、维持心灵世界的平衡呢？听听马丁纳给我们的建议："如果我们允许宇宙做它自己的工作，我们会成就更多。在这个心智架构里，如果我们经历的处境引发了内在的情绪或乱流，我们将立刻知道这和本身正在经历的外在刺激无关，而完全出于内在未解决的问题。借着爱，而不是抗拒或迎击，我们可以转化这些乱流。"

"借着爱，而不是抗拒或迎击"，就是要我们认清所有重要的事情都来自内在，要我们辨析幻相，找出我们的本来面目，无条件地接纳自我，接纳生命是艰苦的，接纳人生中将会有重重的阻碍，接纳我们将会犯下许多错误，以及接纳许多人会误以为我们就是他们苦恼的源头。

第一，辨析幻相，找出你的本来面目。自高自大、自命不凡，以及自我否定、自我贬抑等，都会形成自我幻相，成为非常隐蔽的精神枷锁与情绪滋生地。我们必须能够辨析与警惕幻相，既要停止内在那个永不停歇的自我批判，也不要变成一个自我纵容者。如果你能辨识出幻相，它就瓦解了。辨识出幻相也就意味着幻相的终结。只有一个人能真正认识自己，并向自己开放心灵之门，勇于了解和面对自己的素质与才能、缺点与局限性，才能破除自我幻相，缓解自我排拒，有能力去应对外界因素的干扰并避免情绪困扰。

第二，无条件地接纳自我。心理学有个小原理：你不接纳别人的某个特点，实际上是因为你自己的潜意识中就有类似的东西，因为不接纳自己，才会不接纳别人。而真心接纳自己，才能将心比心，接纳别人的不足。

真心接纳自我，就是要无条件地接纳在任何状态下的自己。这不同于"条件式自我接纳"，后者是当你在自己表现很好，或者是得到别人认同时，才会接纳自己，反之则责怪自己。而无条件地接纳自己，则要求无论你表现如何，或者别人认同你与否，你都要接纳自己。为了融入这个社会，你仍然需要评价自己的行为，甚至对自己采取较高的标准，但你只是把这些标准当作参考而已，不会用这些标准或世俗的眼光来评价你自己、你存在的意义或者你的人格。尤其是当你不开心的时候，更要提醒自己："我爱自己，也接纳自己拥有这份感觉。"你可以大声复诵这句话，或是在心中默念，把爱的想法传送到压力所在的部位，幻想能量自由地流过你不舒服的区域。每当这个时候，你无须改变任何事，只需要和已经存在于体内的爱联结起来。

第三，无条件地接纳他人。如果你希望快乐地生活，也不打算过隐世独居的生活，那么，在你无条件地接纳自己的同时，还需要学习无条件地接纳他人。你不需要用世俗的眼光评判他们；你接受罪人，但不接受他们的罪行；你接受他们每个人都有缺点的事实，你可以单纯地评判他们的行为，但不去评判他们身为人的本质；当你认定某一个人的好坏时，只需表示"他的个性很好"或者"他对别人很坏"，不要用单一的行为去概括所有的行为。

不是经由与情绪的抗争，而是借由带进意识之光，去关注它、感受它、接纳它，便可以实现对痛苦等情绪的消减。

情绪的臣服

——刺肉的砂与圆润的珍珠

在 1998 年发表于《心理科学》杂志上的一项研究中，84 名被试被要求握住一个钟摆，让它保持平衡。第一组被试被告知：要保持钟摆平衡。第二组被试被告知：不仅要保持钟摆平衡而且不要让它倾斜。结果显示，第二组比第一组更容易犯错。

为什么会出现上述情形？"因为老是想着不要让它倾斜，反倒让控制这个动作的肌肉活跃起来了。"当人们越是想去压制负面思维与情绪时，越是像钟摆试验一样取得适得其反的结果。

大量的心理学实验证明，我们每个人都是一个能量系统，念头与情绪会深深地冲击着这个能量体。我们的念头与情绪流动到哪里，能量与生命力也随之而运行。如果念头专注于负面的思维与负向的信息、负面的情绪，就是在消耗或阻塞身体里的生命能量。能量场长时间的不和谐或是衰弱，将导致生理上的机能失调或生病；而思想一旦集中于正向信息及影像，生命能量就会流通循环到先前阻塞的区域，从而产生治疗效果。

当你与情绪抗争时，你其实是在为你的情绪贴上负向的标签与评判，在你的能量系统里灌输负向的信息，这种负向的评判与信息将套牢你的思想，使你钻入情绪的牛角尖，造成身体里的能量阻塞。而一旦你处在这种境地，生活是灰暗的，人情是淡薄的，生命是不公平的，你的心门开始紧闭，阳光也无法照耀进来。

而当你臣服于它时，这些负向的信息将无法控制你的思想，无法阻碍你生命系统里能量的流动。情绪臣服的意思是：此刻，这就是当前的状况与你当前的处境，你无法改变它，但你可以关注它、尊重它、接纳它。例如，在一个倾盆大雨之下的荒郊野外的夜晚，你的车轮爆胎了。你无法对这种处境满怀欣喜，但是你可以接纳它。接纳的状态，意味着在平和的心态下顺应事物的本然。这个平和就是一个微妙的能量振动，它会流入你的所作所为之中，转变成充满活力的享受。

因而，破解情绪障碍之道，最重要的就是臣服。找到情绪的出处其实并不重要，只因出处从来都不是真正的问题。出处只不过是引发情绪的诱因，它触动了昔日记忆的警铃。真正重要的是你必须学会坦然地承认并接纳你的情绪，无论它是愤怒、怨恨、失落还是敌意，然后再想办法解决引起消极情绪的问题。

当你能够以兼收并蓄的开放心态拥抱痛苦、烦恼、消沉、悲观、焦虑等所有被我们认为是消极的情绪时，我们的生活就会大放异彩。这就如同蚌将刺肉的砂包入体内，便会产生圆润光亮的珍珠一样。

一只蚌遇到一粒砂，它们相爱了。然而，在相爱的日子里，砂的棱角，刺得蚌疼痛难忍；蚌的包裹，磨得砂几乎窒息。终于有一天，它们都无法忍受这折磨。蚌说："离开我吧。"砂说："放了我吧。"蚌放开了砂。蚌受了伤，砂也被磨去些棱角。当伤愈合，蚌依然是蚌，砂依然是砂。看着周围同伴们结出的晶莹而圆润的珍珠，它们只有空悲切。

如果蚌学会了接纳砂的棱角，而砂也学会了接纳蚌的包裹，那么它们便可享受到新生降临的时刻。同样，如果我们学会了以开放的心态拥抱恼人的情绪，学会了向它们臣服而不是与之对抗，那么我们就可将之化作珍宝，让生命增添活力。

情绪臣服在心理治疗中的一种代表疗法就是 ACT 疗法，即接受和委托疗法（acceptance and commitment therapy）。这种疗法的核心观点便是：消极的想法与情绪会贯穿人们的生命始终，与其挑战它，不如坦然接受它，并集中精力追求自己所重视的人生价值。

当面对一位有着抑郁感觉或悲观想法的人时，ACT 治疗师并不会直接改变他的一些不适宜的想法，而是会鼓励他去感受悲伤（如果他真的感到悲伤），同时要求他不带任何评判地去观察个体悲观思想的发生。他可能被要求反复地大声说出自己的悲观想法，以至于这些想法的本意减弱。例如，当他觉得自己深陷这样的想法——"我好可怜"时，ACT 治疗师会建议他大声重复地喊出"我好可怜"！到最后，这种想法定会减弱。

不是通过排拒消极的想法与情绪，也不是减弱想法的原意，而是通过接纳它最终达到内心世界的平衡，这便是情绪臣服的最终旨归。臣服情绪的过程只需要你做好以下几个步骤：接受情绪、直面情绪、体验情绪与认同情绪。但在生活中，真正做到情绪的臣服，还需要你有意识地运用这些技巧与步骤来修炼自己。

第一步，接受情绪。"我感到痛苦，我罪有应得""我只有在如此糟糕的情绪下才应该这样做""我真愚蠢，为什么感到害怕"。这些都是不能接受自身情绪的想法。这种想法既不能准确地识别自己的情绪，也不会注意到有时候自己出现某种特殊情绪是在某种特殊环境下才发生的。对于已经发生的事实与已经产生的情绪，你什么也不能做，因为这就是你此刻所感受到的。如果你希望此刻能有所不同，那只能是在既有的痛苦上雪上加霜。

第二步，直面情绪。这就是说，不要压抑也不要回避你的情绪。你越是花大量的精力努力地去逃避或回避情绪，你越是会陷入情绪的泥淖。允许与直面情绪是你最终调整好自身情绪的关键。当最爱的人去世之后，人们感到悲伤或痛苦是一种健康的情绪表现。在哀悼去世的亲人期间，往往先是允许情绪出现：悲伤哭泣；然后，可以关注自己的情绪程度，如果感到难以承受，可采取向别人倾诉内心痛苦的方法以缓解情绪紧张度；同时，还可以试图安抚自己或者参与其他活动以分散自己的注意力。

第三步，体验情绪。情绪会在你的身体里产生不同程度的能量阻塞点。你需要直接去感受你的情绪（注意：直接感受，而不要经过你不快乐的思想和不快乐的故事的过滤去感受情绪，不要为你的情绪事先贴上各种负面的标签），感觉它在你身体里的作用点，把精力安放在那份感觉之上。或许你已经将那种情绪锁定在了你身体的某一个部位，胃或者头，或者其他部位。你感觉到了什么？这份感觉有多强烈？你甚至应该感谢自己的身体是一具如此完美的机器，它警告你在身体系统里有这么一个能量的阻塞点。在这一步骤之后，也许你依然不快乐，但你会感觉到你的不快乐的情绪周围有空间了，不快乐也显得不是那么重要了。这个空间的存在，就意味着你能够接纳当下时刻所经历到的一切。

第四步，认同情绪。臣服情绪的最终状态是达到认同情绪。认同情绪是在接受情绪的基础上，更进一步地识别情绪与容忍情绪。例如，徐先生得知，自己很要好的朋友请客吃饭却没有邀请他。徐先生可能因此

产生失望或愤怒的情绪。如果他不认同自己的情绪，他可能会说："我好
愚蠢，为这种人失望和生气。"因此，他更加感到苦恼和自责；而如果他
能合理化认同自己的情绪反应，确定自己的失望情绪，并认为这种情绪
的产生是有特殊原因的，那么，他可能会说："我是感到失望。我当然会
有失望感受，因为我们一直是好朋友，我以为他会邀请我。不过没有关系，
我会找出到底发生了什么事使他没有邀请我。"

我一直活在疯狂的边缘，等待着了解事物的缘由，从而不断地敲着门。门开了。原来我一直是在门内敲打着。

情绪是一种抉择

——我们缘何在门内敲打

素芹是一位公司白领，最近陷入了极度的苦恼之中，而且特别讨厌人群，恨不能谁都不见。朋友问她为何如此，她告诉朋友，在单位里属她勤快，每天都提前到单位打扫卫生，其他人都太懒，让她很是看不惯，于是经常批评他们。她曾真诚地帮助过单位里的好几个人，为她们做过事，还借给她们钱。然而在某一天，她偶然得知这几个人不但没念她的好，反而在背地里老说她的坏话。素芹一下子被震惊到了，她的精神也一下子垮了。她不明白为什么人心如此叵测，为什么周围的人如此自私自利。因此，在很长一段时间内，她都处在抱怨与愤怒的情绪中，无法摆脱出来。

在出现问题的时候，我们常常将关注的眼光聚焦在别人或客观因素上。例如上述案例中的素芹，便将自己所受到的打击归因于外界因素——同事不念她的好，说她的坏话。这种做法无异于是"关起门来敲门"，因为我们自己便是引发问题的根本所在，但我们却将关注的视角伸向了门外——别人或外在因素，而忽略了从自身出发去寻求答案，忽略了所有情绪的产生皆是"我们任由外在因素影响内在实相的结果"。

　　情绪，并不是外界刺激所导致的，而是你对这些外界刺激的反应所引起的。面对相同的外界刺激，不同的人会有不同的情绪反应。这就说明，情绪是一种抉择，而不是任何事的结果或成果。

　　心理学中的情绪认知理论认为：情绪、情感产生的源泉是客观现实。但是，情绪、情感又不是客观现实直接、机械地决定的。作用于人的外部世界的各种事件与人的各种需要的联系是发生在认知活动之中的。客观事物对人产生作用必须要通过人的认知过程，而且由于人的认识的每一次活动又不是单独地被孤立的一件件事物决定的，人在生活实践中积累的知识和经验制约着当前的认识，并与人的态度或愿望相结合。正是由于过去的经验制约着人对当前事件的认识和评价，当事件符合或加强了人的认识和愿望的系统时，就产生了肯定的情绪；当出现的事件被判断为非己所愿，并被料想为难以控制其影响时，就容易产生否定的情绪。因此，情绪和情感是通过认知活动的"折射"而产生的，认知因素在情绪、情感的产生中起着关键性的作用。

　　一个人的认知系统或信念系统，决定着其面对问题时的处理方式与情绪应对方式。美国著名心理学家艾里斯的情绪困扰 ABC 理论证明了这一点。ABC 理论的要点是：情绪不是由某一诱发性事件本身所引起的，而是由经历了这一事件的个体对这一事件的解释和评价所引起的。在艾里斯的 ABC 理论当中，A 代表引发事件；B 代表个人的认知或信念系统，即一个人对事件的判断与评估；C 代表情绪的结果，即情绪反应。艾里斯认为，C=A×B，即引发事件和信念交互影响，最终导致结果 C。一个人虽然对 A（引发事件）无能为力，但是他可以选择自己的应对方式来建构 B（认知或信念），最终导致 C（结果）。许多在现实里遭遇挫折的人，往往习惯于这样诉说："他这样一说，我就立马火冒三丈，难以控制。""我也不想生气，可你看他那态度，我能不生气吗？"这些都是个体本人对该事件的认识和解释，正是由于这种认识和解释，才会产生情绪的困扰。通过改变一个人的认知或信念系统，便可改变其情绪状况。

慧玲今年30岁，同她的老公肖齐以及两岁的女儿肖莉过着快乐的生活。但某天肖齐突然告诉她，他要离开这个家，和他已经怀孕的21岁的女秘书双宿双飞。慧玲非常痛苦，闹着要自杀，因而住院疗养一个月。每个人都认为是因为肖齐不忠，才导致慧玲如此痛苦。他们说得没错，但慧玲的这种做法却不可取。

慧玲虽然对于事件的发生无能为力，但是她可以选择自己的应对方式。换句话说，慧玲并不是一个被动的事件接受者，她可以主动透过信念、情绪和行为响应事件。她可以选择理性信念，来理性地思考这个引发事件，并坚强地告诉自己："我知道肖齐做了什么，真希望他没有这么做，但他如果非要跟那个女人在一起，不要我和肖莉，我们也不会怎么样。我们母女照样可以快乐地生活。"如果慧玲能坚强地做到这一点，其结果将会是：她虽然会拥有一些负面情绪，如痛苦、后悔、失望、沮丧，但这些情绪是健康的，可以帮助她面对不幸，使生活正常运转，并调整自己的脚步。

但另一方面，慧玲也可以选择非理性信念，例如："肖齐是个混账东西！他不该这么做，太过分了。我没有办法忍受这一切，我再也没有办法快乐起来，我真想一死百了！"这种自我打击的信念或情绪，只会令她感到毁灭、失控，甚至会企图自杀。

面对同样的事件，不同的认知方式会导致不同的结果，而结果有时会天差地别。

不顺心的时候，如在遇到悲哀的情景和无法避免的困难时，如果你怨天尤人、自暴自弃，那么你就会陷入情绪的泥淖，越挣扎陷得越深，而如果你能选择用愉快的心情来对待它，那么，它很可能就会变得微不足道，变得有益且鼓舞人。比如，在单位里别人向你发牢骚，你可以选择生气，制造出种种不愉快的猜测：他在拿我出气，他看不起我，他在找我的碴儿，等等。当然，你也可以选择调整你的本能反应，你可以这样想：他只是在表达他的情绪而已，也许是心情不好，也许是有什么对我误解的原因。于是，你便能以宽容的态度谅解对方，以适当的方式处理矛盾，同时也让自己避免受不愉快情绪的干扰。

当我们明白情绪是一种自我选择的结果之后，我们就会更能领悟查尔斯·斯温多尔的忠告："态度比事实更重要。它远比过去、教育程度、金钱、环境、失败、成功、其他人的言行，都来得重要得多。它比一个人的外表、天赋或技能更重要。它能够建造或摧毁一家公司、一间教堂、一个家庭。"

"最值得注意的是，我们每天都可以有所选择，我们可以自行决定要以哪种态度拥抱这一天。我们无法改变自己的过去，无法改变不能避免的事。我们唯一可做的事就是在自己拥有的这条弦上好好演奏，这就是我们的态度……我深信生命之中有10%的事是注定要发生在我们身上的，其他的90%则是如何做出回应的问题，你的情形也不例外……我们主宰了本身的态度。"

当我们不能主宰自己的态度时，便只会被自己反锁在情绪的大门之内，行走在疯狂的边缘。要避免这种做法，我们必须以一种崭新的眼光来看待生活，看待情绪。

知识专栏

积极看待情绪的观点

◎ 情绪是一种抉择，而不是任何事的结果或成果。

◎ 并非是情绪逼疯了你，而是你对于造成情绪的种种问题的反应让你崩溃。

◎ 你不是被事情所困扰，而是被你看待事情的观点所困扰。

◎ 你可以感觉到愤怒，但你永远不是愤怒本身。

◎ 每种情绪都是为人服务的，或指出方向，或给予力量，或两者兼备。

◎ 所有的人、事物都是你内在的投射，就像镜子一样反映你的内在。

◎ 当外境有任何东西触动你的时候，记得要往内看。先在内在层面做一个调和整理，然后再集中精力去应付外在可以改变的部分。

◎ 你或许无法控制世界上发生的事，但绝对可以控制你处事的态度。

◎ 快乐的心情不是我们拥有了自己想要的东西之后才能出现的东西，而是我们要选择让自己快乐然后才能得到的东西。

情绪的制造者与主宰者

——解铃还须系铃人

在你踏上举重若轻、毫不费力的路途之前，会遇到许多路障与岔道。如果你问我："谁制造了这些障碍？"我的回答是："你自己！"但你同时也具有清除这些路障的内在力量。

刘鹏在事业上春风得意，然而他对自己的婚姻极不满意。尤其是在最近一年多的时间里，刘鹏感到妻子吴珍似乎越来越易怒、态度恶劣，而且一天比一天不性感；吴珍不仅对他不好，对他们的儿子、他的父母以及她自己的父母、他们的朋友都不好。她严重地困扰着自己，拒绝接受任何治疗或心理咨询。她坚持认为只要刘鹏对她好一点，满足她的各种要求，她就不会这么沮丧和愤怒。而事实上，刘鹏对她已经做得够多。刘鹏不能再忍受妻子的蛮横，他坚持认为妻子是最大的矛盾制造者，是祸害的根源。他无法忍受这样的局面，一再要求与妻子离婚，情绪也常常处于极度的气愤与沮丧之中。

是谁制造了刘鹏婚姻的不幸？是他的妻子吗？其实不然。在情绪的产生这个问题上，虽然外因很多时候是情绪的诱发者，但心理学反对任何形式的外因论，拒绝将情绪的产生归咎于他人的想法、行为及外界因素。无论别人的态度与行为如何，自己的情绪皆因自己而起，自己才是自身情绪与不幸福的根源。从刘鹏的事例来说，妻子的确要为她的愤怒、沮丧负责，但他也要为妻子的愤怒、沮丧负责。她的行为的确不合理，但他却要求她一定要合理。她的确对小孩子不公平，但是他坚持（不光是希望而已）她一定要公平。

如果刘鹏认识到吴珍虽然有一些不好的行为，而且常常不快乐，但自己不能把产生问题的根源都归咎于她，而且不能要求对方一定要按照自己的意愿行事，对方有权让自己不快乐，也不需要对他们的小孩讲公平。能这样分析问题，他就会说服自己放弃愤怒和沮丧，在心平气和的状态下积极寻求解决问题的途径。

自身情绪障碍是由自身的思维、信念引起的，没有人能使你不快乐，除非你自己。所以，你自己才是自身情绪的制造者。但与此同时，你也是自身情绪的主宰者，你具有调节自身情绪、避免陷入不必要的情绪困扰、掌控与运用自身情绪的能力，这种能力就是你的情商，即 EQ。

现代心理学最新研究成果表明，在人的智力商数以外，还存在着另一个生命科学值得重视的参照元素，叫情绪商数，也称情商。情商是人所具有的一种重要的能力，正如美国心理学家丹尼尔所指出的，一个人的成功，只有 20% 是靠智商，另外 80% 是凭借情商获得的。

情商理论的推出向人们昭示了这样一条真理：懂得驾驭、协调和管理自身情绪的人，将成为最易取得人生幸福与事业成功的人。懂得驾驭、协调和管理自身情绪的人具有美国心理学家塞洛维所归纳的五种情绪综合能力。

A. 认识自身情绪的能力。即具有理解自我及心理直觉感知的基本能力。某种情绪或感觉一产生你应会本能地觉察到。这种能力是情感智慧中最关键的能力，因为这种能力使我们能够进行某种自我控制。对自己的情绪了解得比较清楚的人，比较善于驾驭自己的人生。

B.管理与控制自身情绪的能力。在了解自身情绪的基础上，对自身的情绪进行妥善的管理与控制，使其有效地适应各种变化的情况。控制情绪，不等于压制情绪，而是要做亚里士多德所认为的"意志的难事"，即任何人都能变得愤怒，这是很容易的，但是，在适当的时间怀着适当的目的，以适当的方式对适当的人表示愤怒，这就不容易了。

C.自我激励的能力。即不断为自己树立目标的自身动机和使其情感专注的能力。建设性的自我激励能使自己从情绪低谷中挣脱出来，鼓起热情，重振士气，建立信心。

D.认识他人情绪的能力。即对他人的情绪感受进行理解与感知的情感归向。接收到他人所发出的情绪信息，分析他人情绪产生的根源、动机，采取应对他人情绪的相应措施，这种能力将使你在与他人的交往中处于有利地位，获得较好的人缘。

E.维系良好人际关系的能力。即在知己知彼的共感情绪状态下建立良好互动人际关系的才能，这是一种特殊的情感才能或艺术。善于与同事、朋友或家人相处，能尊重他人，善解人意，拥有和他人建立和谐的亲密关系的能力。

以上五种情商能力因人而异，但并非完全天生而来。如果你能积极关注自己的情绪，并能在有效的情绪管理方法的指导下调控自己的情绪，你便可成为情商智者。通常来说，在关注与处理自己的情绪方面，不同的人有不同的风格，心理学家梅耶将其归纳为三大类型：自我觉知型（以对自己情绪的清晰认知为其人格特征，能有效地管理自己情绪，也称积极型）；认可型（能认知自己情绪的变化，但缺乏对不良情绪的自我调节能力，是一种消极的人格类型）；沉溺型（自我沉溺于恶劣情绪的反复之中，既不认知又无力自拔，也称盲目型）。真正健康的、有活力的人，都是自我觉知型的人，是和自己的情绪感觉充分在一起的人，他们是不会担心自己一旦情绪失控会影响到生活的，因为，他们懂得驾驭、协调和管理自己的情绪，让情绪为自己服务。

情绪的导引力量

——最坏的情绪，最好的成长契机

每一种情绪都是一种信号，提示着你同现实与他人的关系。即使是负面情绪，也是深具正面价值的，它虽然创造出乱流，却提供了最佳的成长机会。

丁建原本性格开朗，然而自从去了一家外企上班后，他的情绪变得很低落，而且极易动怒、经常失眠。这种心境让他很苦恼，他不明白为什么自己会变成现在的样子。一天晚上，丁建仔细分析自身出现的情绪变化，他意识到问题的关键就在这份工作上。当初丁建与这家公司签约，看中的是它的高薪水，这可以解决他供房、供车、养家的压力问题，然而他既不喜欢这份工作也不喜欢这里的气氛，他强烈地感觉到这里没有他个人成长和发展的空间，不利于自己长期的职业生涯发展。原来，为了工资还是为了自身发展，是隐藏在丁建内心深处的矛盾，也是其情绪变化的根源所在。找到了问题的根源，丁建的心境似乎好了很多，他下定决心，离开这家公司，在不能两全其美的情况下寻求一份对自己身心发展有利的工作。

情绪无所谓好坏，每一种情绪都是一种信号。所谓正面的情绪给我们的信号是：我们得到了我们想要的意义和结果；所谓负面的情绪给我们的信号是：我们原来的一些做法行不通，我们需要改变一些什么。大多负面情绪的产生，都是因为我们把注意力转移到了生活中那些不顺心的事情上，并使我们处于一种情绪状态，通过这种情绪状态，我们能对所处的局面做出评价，因此，负面情绪在创造出内心乱流的同时，也对我们身上存在的问题提出了警示，帮助我们搞清楚事物并找到解决问题的方法，给我们提供前行的导引力量与最佳的成长机会。

负面情绪并非都是有害的，它同样可以是健康的。以压力为例。当你感觉到工作的压力时，你可以去体会这种压力，这是你的选择。当你主动这样做的时候，事实上，这时候的压力已经不再是压力，它更是一种刺激、一种挑战、一种动力！在此期间，你的外在意识或许会定期地使你对压力予以注意，此时你可以对你的想法所维持时间的长短是否合适做出估计。如果已达到了合适的程度，你还可以选择一种新的情绪状态。由此看来，如果你选择了正确看待与合理处理压力，你便不会被压力所打倒；而如果你惧怕、抱怨压力，压力就会将你压垮。进一步说，并非压力逼疯了你，而是你对于造成问题的种种压力的反应让你抓狂。

自我练习

健康的压力管理的益处

请选择下表中你认为重要的益处，并把它们罗列在纸上，随后，添加你个人认为的其他益处，并将它们按照重要程度排序。

关于情绪方面的幸福，我想要：

◎ 减少焦虑的风险

◎ 减少抑郁的风险

◎ 减少紧张不安

◎ 增加生活中的快乐

◎ 感觉更放松些

◎ 更加热爱生活

◎ 只有很少的心理问题

◎ 睡得更好

◎ 减少对未来的担忧

◎ 自我中心感更强了

你列出对你来讲具有重要意义的益处越多，你就越能为消除自己的负面情绪做好准备。

负面情绪所制造出的乱流就如同发烧。发烧，是人体的一种保护性反应。老人们会说，"孩子生一次病就长大一次"，在可能的范围内，孩子自身的抵抗能力可以促进他的身体和心智两方面的健合。所以，孩子感冒发热，马上就用退烧药、抗生素，肯定不利于孩子的身心健康。当然如果孩子高烧超过 38℃有可能危及生命，就该立即采取各种理化的降温措施，把高烧降下来。发烧的问题解决了，针对原发疾病的治疗才是最本质的。

一位教授在一次社会学课堂上，请同学们谈谈自己在学习这门课的过程中是否曾遭遇到什么困境，自己又是如何面对这些困境的。面对这样的议题，有同学提到自己在学习上的瓶颈，也有人说上这位教授的课让他们心中颇有压力，因为他规定的阅读数据比较多、密度比较大，课程进行过程中还会不预警地"邀请"某位同学回答问题。而最后一名成绩较差的同学的发言，让教授与所有的学生都为之一震。这名同学这样说道："以前上社会学相关课程的时候，因为缺乏社会学的基础，所以心情总是非常紧张，压力很大，我想这一定是我没有掌握方法所导致的。于是，我认真分析了老师上课的方式，了解自己需要加强哪方面的知识与技能，这样我便做到了'与恐惧共存'，并最终'战胜恐惧'。"

"与恐惧共存"的理念昭示的是一种正视负面情绪并运用负面情绪为自己服务的精神。有了这种精神，就能够最终战胜恐惧，促进自身的成长。实践证明，经历过负面情绪的人，更有可能通过痛苦、消沉等情绪障碍获得重生，这是一种"化蛹成蝶"的过程。当然，这一过程的顺利进行，还需要我们充分认识并发挥情绪的导引力量，并采取正确的方式方法有效处理负面情绪。

◎ 悲伤：一种能促进深沉思考的反应，促使我们从失去中取得力量，并更珍惜目前拥有的东西，包括记忆。珍惜的意思是妥善运用。所以，悲伤既指引方向，亦给予力量。

◎ 惭愧/内疚/遗憾：意思是，以为已经完结的事里尚有未完结的部分。这些情绪是指引方向的，如果明白了它们的意思，它们就能转化成为力量去推动拥有者把未完结的部分完成。

◎ 失望：失望可分为两种，即对人事物的失望和对自己的失望。对人事物的失望必然来自希望控制它们的企图失败了。对自己的失望来自不接受自己。失望也是一种促使我们对期望做出重新评估及对实现期望目标所采取的方法做出重新调整的信号。

◎ 愤怒：愤怒是"由真实的或假想的不公正引起的一种强

烈的不愉快和好战的情感"，它警告我们存在某种问题或潜在的威胁。同时，它也给予我们力量去迎接挑战，克服困难。

◎ 生气：它经常与我们不喜欢的情况相连在一起，为我们提供能量，使我们采取行动对这些障碍和困难做出反应。生气就是"鼓气"，一鼓作气才能成功。

◎ 焦虑/紧张：提醒我们需要额外的力量去争取或保证成功，有时也是对我们不清晰的自我认知与人际关系认知的提醒。

◎ 恐惧：恐惧是不愿付出以为需要付出的代价，它指引我们去找出什么是需要付出的代价，以及思考可以做些什么以便使自己无须付出这些代价。

◎ 忧虑：表明我们的思想超出了可控的范围，需要将精力集中于处理某件当时最重要的事。

◎ 痛苦：指引我们去找寻一个摆脱途径的预警信号。在存在痛苦的两人的关系中，感到痛苦的人就是该做出改变的人！

◎ 压力：是转变为动力之前的准备，就像弹簧一样，压得越低，弹力越大。

◎ 讨厌：需要摆脱或者改变的提醒信号。

◎ 左右为难：说明内心的价值观的排位尚未清晰明确。

◎ 无可奈何：已知的方法全不适用，需要创新与突破思考。

情绪从来不是问题。当你头痛的时候，你会清晰地知道，问题可能出在肠胃，或是感冒、工作压力引起的，但99.9%不会是头脑本身的问题。症状只是表象，并非问题之所在。情绪同样如此，它只是症状而已，提醒我们需要解决的问题。如果我们养成客观看待它们、细心觉察它们的习惯，就能找出它们所反映的真正问题，并运用很多方法和技巧将它们消除。

第二章

情绪觉察

　　你一定有过这样的情绪经历：你如此投入于某种情绪，你的整个思维都被这种情绪牢牢抓住，以至于你的大脑没有任何一部分可以观察、质疑，或者审视你自己的言行。你是如此的清醒、有意识，但是隐约感觉到你无法控制自己的大脑。

　　这便是心理学家艾伦·兰格所形容的"无心"的状态，在这种状态下的行为是一种纯情绪化的行为。

　　佛教思想家亨利·威纳曾描述过意识流与所谓的审视者（一种对意识流中的意义进行审视和做出反应的意识）之间的区别。为了尽可能地减弱甚至避免自己的情绪化行为，尽可能地改善自己的言行，我们需要让自己成为一位"审视者"，寻找到自己的情绪诱因，以便了解自己何时变得情绪化，并在发生情绪化言行时保持临在状态。

"正念"的透视力

——感受你的感受

> 你最好每天花 5% 的时间去思索你的现状是好还是坏，但是你需要花 95% 的时间专注于你的感受，专注于你现在正在经历的事情。

　　清晰地觉知你当下正在经历的感受！我们每天都要经历各式各样的情绪，如果我们能够在经历这些情绪时，即时生起观照，习惯性地觉察出自我情绪的变化，并根据环境条件积极主动地调适自己的心理、判断情绪的影响，便能够做出合适的行为反应。

　　在心理学中，知觉与评估情绪的能力是最基本的情商，也是衡量一个人情商高低的最基本的要素。低情商者与高情商者在对自身及他人的情绪感知能力上存在着较为明显的强弱程度差别。通常来说，低情商者对自己及他人的情绪变化的觉察力较弱，对自身的情绪无法加以及时有效的了解，这种情绪失察常常会导致情绪失控，使他们沦为外界刺激与自身情绪的奴隶。比如，碰到麻烦事，心情马上晴转阴，无精打采甚至暴跳如雷；别人提一条不同的看法，马上回敬并批驳；别人骂他一句，他马上回敬一句甚至更多。而高情商者则能敏锐地知觉和评估他人和自己的情绪，并在此基础上相机行事，调整自己的言行。例如，他会理性地分析自己可能将要出现的情绪对事情的解决有没有益处，应表现出怎样的情绪才能促进问题的解决。

　　著名心理学家，MBCT（以正念为基础的认知治疗法）的创始人Teasdale，曾提出了"交互性认知亚系统"理论，这一理论认为人一般有三种心理状态,即无心/情绪状态、概念化/行动状态、正念体验/存在状态。

◎ 无心/情绪状态：指人们沉浸到情绪反应中，缺乏自我觉知、内在探索与反思。

◎ 概念化/行动状态：指人们头脑中充满着各种基于过去、未来的想法与评价，而和即刻的、当下的体验无关。

◎ 正念体验/存在状态：指人们能展开内在探索，直接感知当下的情绪、感觉、想法，并且对当下的主观体验采取非评价的觉知态度。

在这三种状态中，正念体验/存在状态是最为有益的心理状态。它要求人们高度集中注意力去关注与确认此时此刻我们的身心发生了什么或者出现了什么。当我们进入正念状态时，我们不是纠缠于过去，也不是因未来而陷入困惑；我们不是评判或者排斥现在的情绪，而是彻彻底底关注现在的感受，接受眼前发生的一切。

目前在心理学界得到肯定的正念技能训练就在于发挥"正念"的自我透视力，其最大的益处是帮助人们在情绪激动时及时反省与察觉自己的当下行为，然后学会与各种情绪能量共处。同时，它还能帮助人们承认痛苦、面对痛苦、化解痛苦，因而丰富自己的生活，最后增加生活乐趣、享受快乐。

根据莱恩汉博士的经验总结，正念技能训练包括两大类别的技能训练——"做什么"正念技能和"如何去做"正念技能。"做什么"正念技能包括观察、描述、参与；"如何去做"正念技能包括以非评判的态度去做、一心一意地去做、有效地去做。

第一个类型："做什么"正念技能。它包含学会去观察、去描述和去参与任何情绪，其目的是建立一种时常警觉和留意自身情绪的方式。一般而言，一个人在一个特定的时间内只能做三种"做什么"正念技能当中的一种——或者观察，或者描述，或者参与，这三种技能不能同时进行。

▶▶观察。观察是一种直接的，不带任何描述或归类的情绪体验和感觉。它强调留心和注意你的内心情绪变化而不必去回应它，随它出现，随它消失。不必因为此刻自身出现了不健康情绪而试图立即制止它，也不必因此刻产生了健康情绪而强迫延长它。正如 EMDR 创始人所说："无论发生什么，让它发生……仅仅是注意。"

例如，你出现了怒气，请留意你的这种感觉，留意此刻自己的胃部、头部或腹部的感觉。不要去刻意阻止它，也不要试图靠近它，只是单纯地关注它。

▶▶描述。描述是指人们将自己所观察到或者体验到的东西用文字或语言形式表达出来。描述是对观察的回应，是将观察到的东西贴上"标签"或归类。这种描述要求真实、客观，不能带任何情绪和思想的色彩。

例如，当怒气发生后，你自己对自己说，"我刚才出现了怒气""我感到全身紧张和冲动""我感到自己胸口憋闷"。

▶▶参与。完全投入你现在正在经历的感受与事情之中。

例如，全心体验此刻你的怒气情绪。不要担忧此刻的怒气是否适合，继续参与眼下能进行的行动，不必回避。

第二个类型："如何去做"正念技能。它包括以非评判的态度去做、一心一意地去做、有效地去做。它可以与"做什么"正念技能同时进行。比如，在进行描述练习时，可以同时做到以非评判的态度去做、一心一意地描述，并且学会有效地描述。

▶▶以非评判的态度去做。指的是我们对任何事物不必加以评估，只关注它的实际现象。对它的存在不要从应该、必须、好、坏的角度去评论，而是接受每一个现象。

例如，专心关注正在发生的一切。不要去想"应该""必须""最好是"，停止或继续发怒。完全接受你的怒气。如果你发现自己有评判色彩，立即停止。

▶▶一心一意地去做。指的是集中精力，专注于思考担忧、焦虑等情绪。美国宾州大学心理学教授托马斯曾有一句名言，"当你在焦虑时，你就专心焦虑吧"。原因就在于他认为，人们焦虑、抑郁等情绪的产生总是与自己的过去和未来紧密相连的，是与人们总不能把握现在与专注此刻有关的。基于此，托马斯发展了专治慢性焦虑症的心理疗法，这一疗法要求患者每天抽出 30 分钟的时间，到固定的地点去担忧自己平时担忧的事。在这 30 分钟之内，患者必须全神贯注地担忧，30 分钟之后，则绝对停止担忧，并要警示自己："我每天有固定的时间担忧，现在不必再去担忧。"

▶▶有效地去做。以事情向好的方面发展为准则，以此来衡量、评估你的情绪，避免感情用事；不要因为自己生气而做一些蠢事；不要因为自己的愤怒而任由自己说不负责任的话；不要因为自己的心情郁闷而怨天尤人。

自我练习

自我重估：奔向更健康、更快乐的自我

对于下面的每一个例子，用适当的数字来评估你做这件事的频率和它对你的帮助。

1. 我告诉自己，我正在树立一个更聪明、更健康的自我管理压力的形象。

从不　　　　　　　　经常

1　　2　　3　　4　　5

2. 我把锻炼看作情绪减压的最好的方式。

从不　　　　　　　　经常

1　　　2　　　3　　　4　　　5

3.我看到自己在压力和痛苦面前不断前进,从挣扎走向成功。

从不　　　　　　　　　经常

1　　　2　　　3　　　4　　　5

4.我想我应该放弃那种认为我需要用不健康的习惯来应对压力的观点。

从不　　　　　　　　　经常

1　　　2　　　3　　　4　　　5

5.我期待着自己摆脱管理压力的不健康的习惯。

从不　　　　　　　　　经常

1　　　2　　　3　　　4　　　5

6.我告诉自己,我确信我拥有打破习惯的力量。

从不　　　　　　　　　经常

1　　　2　　　3　　　4　　　5

7.我想到了一个更快乐的自己,消除了一个自身健康的最大威胁。

从不　　　　　　　　　经常

1　　　2　　　3　　　4　　　5

8.我相信,如果少了一种不健康的应对方式,我的压力会减轻。

从不　　　　　　　　　经常

1　　　2　　　3　　　4　　　5

计算总分。如果你的分数达到 60 分及以上,你肯定是一个能够有效并健康地管理情绪上的压力的人。

学习洞察到每个念头底端的情绪本质，产生真正的自知之明。

情绪辨析

——"生气"二字怎能打包情绪

你能清晰地辨别自己的情绪吗？许多人都会说能，但事实并非如此。例如，一位中年男士王先生，总感觉自己情绪糟糕，问他感觉到了什么，他的回答是："我感到很生气。我老婆常常为一点鸡毛蒜皮的小事吼我，我很生气；我老婆时常晚上很晚才回家，之前也不事先通知我一下，我很生气；我忘了按时给信用卡还款，过期让我多交了滞纳金，我很生气；公司这次提拔干部又没我，我很生气……。"虽然王先生知道自己的情绪不佳，但他却不能清晰地了解自己处于何种类型的情绪状态，这种情绪状态是正性的还是负性的，是健康的还是不健康的，而一律用"生气"打包了自己的情绪。实际上，王先生的老婆为小事而朝他发火，他的情绪应该主要是烦闷；老婆晚回家不通知他，他的情绪应该主要是愤怒；还款过期使他为自己的失误自责，他的情绪应该主要是沮丧；未能获得升职提拔，他的情绪应该主要是失落。如此丰富多样的情绪，怎能用"生气"二字打包？而且，这些情绪未必都是糟糕的、不健康的情绪，不加区分地认为自己情绪不佳，将会使自己处于更糟的情绪状态之中。

为什么我们要去清晰地分辨自己的情绪呢？因为每一种不同的情绪反映了我们心理上不同的需求，也透视出我们内心的理念和价值观。只有清晰地辨析自己的情绪，才能找到自己的心理症结所在，也才能找到更好地解决问题与促进自身发展的途径。

心理学家温迪·德赖登还提醒我们，大多数人都能清晰地辨析出自己所处的正性情绪与负性情绪，但并不能清晰地辨析出健康的负性情绪与不健康的负性情绪。例如：

担心、悲伤、懊悔、失望、悲哀等是健康的负性情绪；

焦虑、抑郁、内疚、羞耻、受伤则是不健康的负性情绪。

上述所列的几种情绪是相对应的。如担心与焦虑，悲伤与抑郁，前者是健康的，后者是不健康的。

同时，即使是同一种负性情绪，也有健康与不健康之分。如健康的愤怒与不健康的愤怒；健康的嫉妒与不健康的嫉妒；健康的羡慕与不健康的羡慕等，都是存在的。因此，清晰地辨析自己的情绪并区分其健康与否，就显得极为重要。

怎样才能区分自己的负性情绪是健康的，还是不健康的呢？温迪·德赖登为我们提供了一个简洁明了的清单，如表 2-1 所示。

表 2-1　区分健康的与不健康的负性情绪的标准

健康的负性情绪	不健康的负性情绪
来自一个合理信念	来自一个不合理信念
导致建设性的行为	导致毫无建设性的行为
在负性情境可以改变的情况下，促进人们尝试进行具有建设性的改变	在负性情境可以改变的情况下，阻碍人们尝试进行具有建设性的改变
在负性情境不可改变的情况下，促进人们进行具有建设性的判断	在负性情境不可改变的情况下，阻碍人们进行具有建设性的判断
导致现实的思维	导致歪曲的思维

健康的负性情绪	不健康的负性情绪
促进问题解决	阻碍问题解决
帮助目标实现	阻碍目标实现

　　每一种不健康的负性情绪，都存在着一个与它相对应的健康的负性情绪。拿焦虑来说，与之相对应的健康负性情绪是担心，二者的区别可从表 2-1 所列举的各项看出。信念上的差别是它们最本质的区别。焦虑的感觉来自一个不合理的信念，而担心的感觉则来自一个合理的信念。这两种不同的感受可以展示为图 2-1 所示的两个连续体。

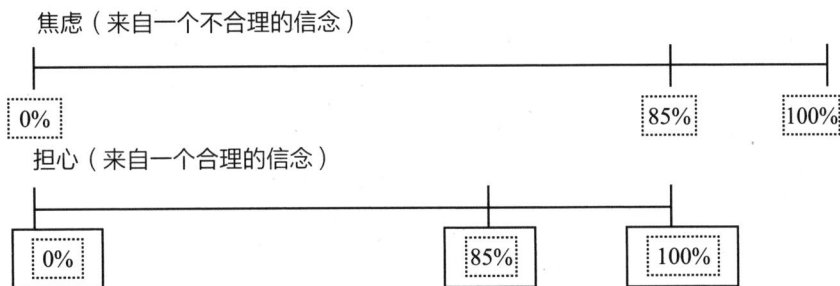

焦虑（来自一个不合理的信念）

| 0% | | 85% | 100% |

担心（来自一个合理的信念）

| 0% | | 85% | 100% |

图 2-1　焦虑和担心感受的不同

　　图 2-1 很清晰地表现出，焦虑的最大强度要大于担心的最大强度。这一点，适合于大多数健康的负性情绪与不健康的负性情绪的比较。

　　温迪·德赖登还指出，当你拥有某个心理问题时，你不会仅仅体验到一种不健康的情绪，还会以某种毫无建设性的方式采取各种可能的真实行动或是"意愿中"的行动。为使你更清晰地理解不健康的负性情绪可能产生的行为趋势，我们提供一份"与不健康的负性情绪和健康的负性情绪相对应的行为及行为趋势"，如表 2-2 所示，以帮助你识别自身主要的不健康的负性情绪。

表 2-2　与不健康的负性情绪和健康的负性情绪相对应的行为及行为趋势

负性情绪	行为 / 行为趋势
焦虑（不健康） 担心（健康）	逃避威胁，寻求那些并不能令自己安心的保证 直面威胁，只寻求那些能令自己安心的保证
抑郁（不健康） 悲伤（健康）	持续回避自己喜欢的活动 在哀伤过后参与自己喜爱的活动
内疚（不健康） 懊悔（健康）	祈求宽恕 要求宽恕
受伤（不健康） 悲哀（健康）	愠怒 果断
羞耻（不健康） 失望（健康）	逃避别人的凝视，回避他人 与他人能保持目光接触，与他人保持联系
不健康的愤怒 健康的愤怒	吼叫，对他人说另一个人的坏话 果断，讨论被对待的方式而不讲他人坏话
不健康的嫉妒 健康的嫉妒	以怀疑的态度问询他人 以开放的态度问询他人
不健康的羡慕 健康的羡慕	损坏别人获得或渴望得到的东西的喜悦 努力为自己争取与之相似的东西

　　当我们能够清晰地辨析出自己的情绪是正性的还是负性的，是健康的负性还是非健康的负性，并能洞察出这种负性情绪背后的信念以及与之关联的行为、思维等，我们便能产生真正的自知之明。

你在内心世界里未曾觉察到的东西，都会在外在世界里发现。你可以控制你所觉察到的一切，而你未觉察的则会控制你。

情绪模式识别的方法

——在情绪绑架的日子里

吴丹是一名外语教师，她被反复出现的"失败感"所困扰。当她取得进步并顺利发展的时候，就会在很大程度上受沮丧情绪的影响。更糟糕的是，她从来无法预测什么时候会出现这些感觉。在咨询了心理医生之后，吴丹开始记录"不快"的感觉出现的情况。她特别注意在出现"失败"的感觉之前所发生的事情、自己的情绪如何，以及这种情绪的强度、持续时间等。

一段时间过后，吴丹惊喜地发现自己终于找出了出现沮丧情绪的特定规律。她发现，在自己的记录本上，清晰地表明了这样的规律：每当她感到特别高兴的时候，就会出现沮丧的情绪。而且，她越高兴，就会越沮丧，而且沮丧的时间越长。认识到自己的特点后，吴丹开始在感觉快乐的时候特别留心，因为她知道在这种时候必须警惕出现"喜中生悲"的情况。有时她真的产生了消极情绪，也会事先有所准备。因为她知道会出现这些感觉，也就不像以前那样感到无助和烦躁了。

每当吴丹感到特别高兴的时候，就会出现沮丧的情绪。这在心理学中被称为"情绪模式"。它指的是人因持续受到同类外界刺激的影响，而逐渐形成的一系列固定的情绪反应路径与行为结果。当遇到同样的外界环境时，情绪模式会以超乎寻常的速度迅速开启。情绪模式形成的生物学起因在于：我们的大脑与身体的网络系统依据我们运用它的方式不同而不断地发生变化。如果一种方式被重复使用，那么这种模式就会固定下来，成为硬链接，人体内参与其中的各种细胞自身的结构以及细胞之间的连接也随之被固定，成为我们的习惯——同种模式的所思、所感、所为。

情绪模式通常的面孔是，"每当……时""我就会有什么想法""我就会出现什么样的情绪""之后我就会有什么样的行为"。例如：每当同事一开口挑剔我的工作，我就会认为：他总是挑战我，我要维护我的尊严；随即我出现的情绪是：生气、恼怒、蔑视；紧接着，我试图反驳其观点，保护自我尊严的话便会脱口而出。

经过长时间反复实践而形成的情绪模式，将会形成"第一时间反击"的特点，有着极为迅速的反应速度。有一个发生在美国的真实事件，可以让我们看到情绪反应模式是如何开启并发生作用的。

在美国某城市的一个小区里，由于多次发生抢劫事件，小区居民都有些草木皆兵。一日，一居民外出时出于防备，走路时格外小心。正在此时，他听到背后传来一声呵斥。他的第一反应是："糟了，遇到抢劫的了！"于是，他毫不迟疑地将手伸进口袋，决定将钱包拱手相赠。而其实，呵斥他的是巡逻警察 A，当 A 看到这位居民将手伸向口袋时，他的第一反应便是："啊？！他正在掏枪！"于是，警察 A 立马掏出手枪，并呵斥："不许动，否则我就开枪了！"这位居民更害怕了，他的本能反应是拔腿就跑，但手仍然在掏钱包。警察 A 立即追赶。此时，这位居民逃跑的方向迎面赶来了警察 B。就在此刻，警察 A 在跑动中不慎跌倒，可怕的结果就此发生了！

当警察 B 看到警察 A 持枪追赶一个面色惊恐、手插口袋看似正在掏枪的人时，他毫不怀疑这人是个匪徒，而就在此时，警察 A 摔倒了，警察 B 更坚信了自己的判断：跑的人就是匪徒，是他向警察 A 开了枪，把 A 射倒了！那一刻，当这位居民跑得越来越近时，警察 B 来不及做过多考虑，他本能地向这位居民开了枪！

情绪模式一旦形成，会先入为主地占据我们的大脑，阻断我们的思维，控制我们的意识，强制引发本能的反应行为。这就是很多时候，我们会说"我当时无法控制自己的情绪""我也不知道我为什么会感到愤怒"等话的原因。其实，这些情况出现的时刻，通常便是情绪模式发生作用的时刻。在情商理论中，这种现象又叫"情绪绑架"，即情绪阻断逻辑思考中心，强制引发个体本能的反应行为。

"情绪绑架"虽然有利有弊，但更多的结果是弊大于利。这就正如杰萨姆·韦斯特所说，在"情绪绑架"发生时，"人们往往期望事实与其所预料的一致，但当结果不如所愿时，他们常常会漠视事实，而不是去改变预先的想法"。

摆脱"情绪绑架"的首要途径便是要识别自身的情绪模式，这是有效地管理自我反应与自我情绪的基础。当你能够有意识地觉察自己的情绪，观察你的自动反应及其背后的情绪驱动力，便能识别出自身的情绪模式，从而更加了解自我，掌控自身情绪，成为自我情绪的主人。当然，由于情绪模式已经固化为我们自身的一部分，因而我们并不能轻易地识别出它的本来面目。以下提供几种自身情绪模式识别的办法，可供参考。

◎ 情绪记录法。试着给自己画一个"心情谱"。你不妨每周抽出一两天的时间，有意识地留意并记录下自己的情绪变化过程。你需要格外关注以下几个方面：你是在什么时间、什么地点，在和谁相处的时候，在遇到什么样的事情时产生了什么样的情绪，这种情绪发生的过程是怎样的，它产生的影响是什么？

◎ 情绪反思法。你可以利用自己所记录下来的"心情谱"，积极反思一下自己的情绪，判断自己的情绪反应是否得当，为什么会产生这样的情绪，应当如何消除这种不良情绪的蔓延。例如，一名女士通过查看自己记录的"心情谱"，发现自己常常是为一些鸡毛蒜皮的小事而大动肝火，其结果是损害了自己的健康，也伤害了周围人的感情。经过反思之后，她有意识地改变自己的思想观念，遇事尽量朝积极的方面去思考，培养自己宽容大度的品质。这之后，当她再翻看自己的"心情谱"时，她这样说道："现在翻起前面的那些记录，发觉那些曾经令我痛苦不堪的事情好像也没有那么重要了，我还觉得自己当时好傻，怎么会浪费那么多宝贵的时间去做无谓的痛苦挣扎呢？"

◎ 情绪恳谈法。很多时候，你并不一定能完全意识到自己的情绪。然而，别人却有可能会轻易捕捉到你的情绪。例如，他人可以通过你的面部表情变化感觉到你对一件事情的看法与态度；可以通过你言谈举止的变化感觉到你的情绪变化。这些情绪虽然不为你自己觉察，但它们代表了你内心深处真实的声音与本能的反应。很多时候，别人可以成为你识别与反省自身情绪的一面镜子，因此你不妨通过与他人（家人、朋友、同学、同事等）恳谈，征求他们对你情绪管理的看法与意见，借助别人的眼光来认识自己的情绪状况。

◎ 情绪测试法。借助专业情绪测试软件工具或咨询专业人士，你可以发现自己通常在什么问题上、什么状态下容易产生什么样的情绪状态，这也可以成为你识别自身情绪模式的一种途径。

了解自己的情绪模式是有效情绪管理的基础与前提。在了解了自身的情绪模式之后，你还需要做的一项工作是：开出一张情绪问题清单。这一项工作的实质就是对你所连续记录下来的情绪状况进行一个总结，看能否发现什么规律，如"每当我男朋友晚上晚回家却不给我事先通知时，我会认为他不关心我、不尊重我，我会感到很生气。当他回家后，我的愤怒情绪就爆发了。"在你开出一张有关你的情绪问题的清单之后，你便可以进入下一个环节了——抓住你的问题并设定现实目标。

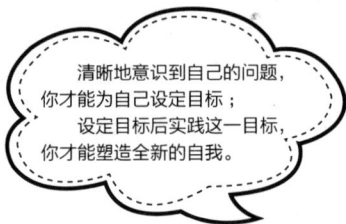

清晰地意识到自己的问题，
你才能为自己设定目标；
设定目标后实践这一目标，
你才能塑造全新的自我。

情绪转换

——抓住你的问题并设定现实目标

十年前，吉吉还只是一名汽车修理工，当时的处境离他的理想相差甚远。不满现状的吉吉总感到有一种莫名的惆怅涌上心头。他认真分析造成今天现状的原因，得出的结论是：自己在聪明才智上绝不亚于周围的人，但有一样特别的东西妨碍了自己，那就是性格情绪经常对自己产生很大的影响，他发现过去很多时候自己不能控制情绪，比如爱冲动，遇事从不冷静，甚至有些自卑，不能与更多的人交往等。

于是，吉吉痛定思痛，做出一个令自己都很吃惊的决定：从今以后，绝不允许自己再有不如别人的想法，对自己的情绪做一个全面分析，尤其要总结出自己经常出现的情绪问题，并认真分析情绪产生的情境、原因、表现等，制定改善情绪的方法与措施，塑造一个全新的自我。两年后，吉吉在所属的组织和行业内建立起了威望，并得到了多次破格提拔。

通常来说，一个人情绪的产生是偶然性与必然性共同作用的结果。偶然性就在于情绪的产生是因为某个特定的场合、某件事情的刺激等；而必然性则在于已形成定势的心智模式与情绪模式。因此，要真正控制自我情绪，必须能够有针对性地完善自我的心智模式与情绪模式，而这就需要你下一番功夫，在识别出你的情绪模式后，抓住你的问题并设定现实目标。

所谓抓住你的问题，指的是找出通常情况下让你的情绪产生的情境类型、带给你困扰的主题、你所产生的不健康的负性情绪，以及在这种不健康的负性情绪下所产生的非建设性行为。找出这些问题之后，最好将这些问题的元素逐一排列出来，如表 2-3 所示。

表 2-3　情绪问题的元素

情境类型	当我听到别人说我的缺点时
主题	我认为别人不尊重我、鄙视我
不健康的负性情绪	我感到不健康的愤怒
非建设性行为	大声叫骂脏话，找机会当面报复

依据这种方式，将你的问题以句子的格式呈现出来，如：

我过些天要进行一次公开演讲，我认为自己不能表现出众，这让我倍感焦虑，因而我接连几天都会过度地准备材料。

当我的妈妈与我的老婆发生矛盾时，我会认为这是我的责任，没有让她们相处好。我因此感到很内疚，但又束手无策，酒吧就成了我的情绪发泄地。

当我身边的同事得到领导的奖赏时，我会认为我低人一等，很自卑，就会产生抑郁情绪，闷闷不乐，不愿与人交往。

当我的朋友承诺我一件事情，结果却没有办到时，我会认为他不尊重我。我感到很受伤，便会断绝与他的朋友关系。

通常来说，一种情境不会只出现一次，我们会碰到许多次类似的情境。

同样，在遇到类似的情境时，你可能会再遇到相同的反映现实情况的主题，会产生同样的不健康的负性情绪；与这种情绪相伴随，你还会以某种毫无建设性的方式采取真实行动或是"意愿中"的行为。尽管这些行为可能会以不同的形式表现出来，但其产生的效果通常都是令你的心理问题长期保持下来。

解决你的情绪问题，首先需要你做的就是：清晰地觉察你的情绪，总结你的问题。在这之后，你才能为自己设定解决问题的现实目标。

所谓设定现实目标，指的是为改善自己的情绪状况设定目标。它包括为情绪设定目标、为行为设定目标，并最终达到个人发展目标。其中，为情绪与行为所设定的目标针对的是克服某个负性情境中的心理问题，即将自身在负性情境中出现的不健康的负性情绪转变为健康的负性情绪，将非建设性的行为转变为建设性的行为；而为个人发展设定目标则旨在将增强个人能力发展作为目标。个人发展目标的达成首先需要建立在情绪目标与行为目标的完成之上。我们可以将设定的目标元素列出来，如表 2-4 所示。

表 2-4　设定的目标元素

情境类型	当我听到别人说我的缺点时
主题	我认为别人不尊重我、鄙视我
健康的负性情绪	我希望感到健康的愤怒而不是不健康的愤怒
建设性行为	我希望能够在头脑中接受这样的事实：别人怎么看待我那是别人的事情，我不应该大声叫骂并寻求报复
个人发展目标	能够正视别人对自己的批评，有则改之，无则加勉

在设定目标时，你需要找到与不健康的负性情绪相对应的健康的负性情绪（可以参考本章第二节中的内容）；同时，最好使用"我希望"而不是"我必须""我一定要"的表述，否则只会增加自己的心理负担；另

外，最好使用"而不是"来区分出不健康的负性情绪与健康的负性情绪，以使自己设定的目标更具针对性。

依据这一方法，我们可以为自己的情绪设定清晰的现实目标。如：

当我过些天要进行一次公开演讲时，我认为自己不能表现出众。我希望自己能够为此担心而不是焦虑，能够充分且正常地准备材料而不是过度地准备材料。我的个人发展目标是：增强在公众面前发言的心理素质与能力技巧。

当我的妈妈与我的老婆发生矛盾时，我会认为我应该负一定负任。我希望感到懊悔而不是内疚，并且积极寻求解决她们矛盾的途径而不是去泡酒吧。我的个人发展目标是：增强自己处理家庭矛盾与人际关系的能力。

当我身边的同事得到领导的奖赏时，我会认为我仍然需要努力。我希望我感到的是悲伤而不是抑郁，并且能够激发自己更加上进并融入他们而不是逃避与人交往。我的个人发展目标是：提升自身工作实力并发展出更好的社会平衡能力。

当我的朋友承诺我一件事情，结果却没有办到时，我会认为他也许有什么难言之隐。我希望我感到悲哀而不是受伤，我会向他表达这种感受并寻问原因，而不是断绝与他的朋友关系。我的个人发展目标是：要与朋友发展出更为坦诚的关系，无论他们是否帮助过我。

在设定目标并为达成目标而努力的时候，你必须面对的一个结果便是，你有可能无法达到你的目标。当然，在你采取必要的行动之前，能否达成目标你是不知道的。例如，你的个人发展目标是增强在公众面前发言的心理素质与能力技巧，但在多次尝试之后，你依然无法达到自己所期望的最好程度。如果真是如此，也许表明你的兴趣与能力隐藏在别的地方。以一种积极而平常的心态对待目标的设定与达成，才是你拥有良好情绪的基础。

把握情绪活动规律

——当情趣遭遇 "盲点" 时

> 金无足赤，人无完人。每个人都有情绪化的时候，不同的是：一些人能够清晰地洞悉自己的情绪盲点，理智地调控自己的情绪；而另一些人则被情绪牵制，沦为情绪的奴隶。

保罗在 12 岁的时候，他的母亲去世了。这种幼年失去母亲的痛苦一直伴随着保罗。29 岁时，保罗结婚了，他有了一位漂亮贤惠的妻子，生活过得很幸福。但保罗与妻子之间也时常会有一些 "不和谐" 音符出现，而这些不和谐的产生大都是因为保罗认为妻子 "不关心自己" 而造成的。例如，一次妻子去外地出差，按照以往惯例，妻子会在晚上 10 点左右给保罗打电话。然而，妻子这次却一晚上都没有打来电话。保罗开始担心起来：她早该打电话来了，为什么还没有打电话来？难道她正在做什么难堪和难以启齿的事情吗？或者她生病了，抑或出车祸了？我是不是应该报警？或许她今天太累了，忘记了打电话的事情？当保罗想到也许妻子正在玩而自己却在这里担心时，愤怒的情绪又取代了先前恐惧的情绪。于是，在第二天上午妻子终于打来电话时，这种情绪如火山喷发般地爆发了出来。

保罗生活中的这些 "不和谐" 音符为何会屡次出现？其根源在于保罗对于自己的情绪盲点缺乏一个清晰的认识。心理学研究发现，人的情绪如同眼睛一样也有 "盲点"，即存在自己看不到的地方，其产生的原因主要有三方面：一是不了解自己的情绪活动规律；二是不会控制自己的情绪变化；三是不善于体谅别人的情绪变化。在这三者中，不了解自己的情绪活动规律是最为根本的原因。

了解自己的情绪盲点，把握自身情绪活动的规律是有效调控自身情绪的重要途径。如果保罗知道由于母亲的去世对他心灵上造成的伤害可能引发被女人抛弃的担忧，即保罗清晰地了解了自己的这一情绪盲点，就会事先有所准备，而不会在妻子没有打电话来时被隐藏在自己内心深处的情绪所俘虏。也许他还会因此而生气、愤怒，但他已经可以站在妻子的角度重新评估正在发生的事情，即使他认为自己的感觉合情合理，也可以不让它影响他的心情与行为，并明智地决定，等妻子回家后再表露自己的不满，而不是通过长长的电话线路怒吼。

清晰地了解自己的情绪盲点，把握自身情绪活动的规律，需要在以下几个方面多加注意，培养自己相应的能力。

了解自己的弱点，培养敏锐预测情绪的能力

洞悉情绪盲点，需要你清晰地了解自己的弱点、自己的情绪引爆点和容易引起情绪失控的事情是什么，并且事先想到你遇到此情况时应当选择怎样的情绪应对方式。这样做的好处在于引导你关注自己，知道什么因素会使你产生情绪化反应以致事后追悔莫及。例如，上述例子中保罗的情绪诱因，就是没有接到电话而引起了始终难以释怀的对母亲弃其而去的愤恨，这样的记忆被移植到了新的情景之中。了解了自身的弱点与情绪盲点，就可以事先做好准备，敏锐预测到情绪可能出现的变化，事先积极主动地采取应对措施。

培养事后分析及理解每段情绪经历的来龙去脉的能力

"同样的错误不能犯第二次"。情绪的失控与情绪的爆发是一种正常现象，但不能让这种现象成为常态。有着敏锐情绪感知力的高智商人士一定能够在一次情绪失控后及时总结，分析事情的起因，找到影响自己

情绪失控的根源、诱因、动机，正确地评估事情的前因后果，并最终达到提升自身情绪调控力的目的。

了解自身情绪周期并坦然接受自身情绪状况的能力

美国加州大学心理学教授罗伯特·塞伊说："我们许多人都仅仅是将自己的情绪变化归之于外界发生的事，却忽视了它们很可能也与你身体内在的'生物节奏'有关。我们吃的食物、所拥有的健康水平及精力状况，甚至一天中所处的不同时段都能影响我们的情绪。"情绪周期的理论证明了这一点，科学研究发现，每个人都有为期28天的情绪周期，这个周期是一条正弦曲线，也就是说在28天之内，人的情绪有一个由高到低，再由低到高的过程，这个过程循环往复，永不间断。那么，怎样才能知道自己的情绪活动规律呢？计算自己的情绪节律可以分为两个步骤。

（1）计算出你的出生日到计算日的总天数（闰年要多加1天）。

（2）计算出计算日的情绪节律值。（用你出生日到计算日的总天数除以情绪周期28，得出的余数就是你计算日的情绪值。）余数是0、14和28，说明情绪正处于高潮和低潮的临界期；余数在0～14之间，表明情绪是处于高潮期；余数是7时，说明情绪是最高点；余数在15～28之间，表明情绪是处于低潮期；余数是21时，说明情绪正处于最低点。

情绪周期的理论给我们的启示是：不要奢望自己永远生活在激情、浪漫、兴奋之中，对于偶尔出现的失落、烦闷、忧郁等现象不要带有排斥的态度，要尊重情绪变化的规律。当然，在我们提升了自身的情绪智力、修炼出高情商之后，我们便能有效地应对情绪周期带来的影响。

增强对他人的理解能力

"人们寻求他人的理解，就像花儿渴望阳光那样迫切。"这句古语道出了人际交往中理解人的重要性。对他人的需求、情绪、感受等的理解，不仅有助于建立一种和谐健康的人际关系，而且有助于你通过对别人的情绪、心态、观念等的理解，反观自身，更加清晰地了解自己。

觉察他人情绪的方式

——玩一个默剧游戏

情绪感知力是情绪智商里的一项重要内容。如果你反复做出努力，直至把观察和解读你遇到的人的情绪变成你的一种习惯，那么你很快便会发现你的情绪，并且你与周围人的关系已经有了很大改观。

阿慧这些天很不开心，因为她认为这些天她的男朋友没有真正地对她好。可是，她又不直接用话语向男朋友表达这种不满情绪，而仅仅试图用非语言形式向他表达，于是她皱眉、瞪眼，还提高嗓门讲话，可男朋友仍然没有立即理解她的信息。结果，她的愤怒之火继续燃烧、升温，她继续加大非语言情绪的表达，直到男朋友终于感觉到她的这种"怒不可言"的愤怒情绪。然而，当男朋友准确接收到了信息时，她的愤怒情绪已膨胀到了极点，无论男朋友怎样解释都无法平息她的愤怒。

著名心理学家戈尔曼博士通过大量的实验证明：人的情绪智力（情商）是一个包含着多个层面丰富内容的概念，其中情绪的自我觉察能力、情绪的自我调控能力、情绪的自我激励能力、对他人情绪的识别能力和处理人际关系的能力是情绪智力的五大构成要素。在这五大要素中，对他人情绪的识别能力是一项重要能力。这种能力是在情感的自我知觉基础上发展起来的，是一种重要的情绪感知力，即通过捕捉他人的语言、语调、语气、表情、手势、姿势等，快速并"设身处地"地对他人的各种感受进行直觉判断。

对他人情绪的识别或感知能力会影响一个人在学习、工作与生活方面的成功或失败。若这种能力较强，可以使人们之间相互理解，人与人之间和谐相处，有助于建立良好的人际关系。同时，如果能够感知到他人的情绪，这些情绪在我们的意识当中也有迹可循，我们就可以利用这些线索更好地理解自己的情绪，利用这些信号更好地关注自己的情绪。下面这则案例很清晰地说明了这一点。

作家斯丽雯是一位文静的女士。她比较讨厌去社交场合，因为她发现那里的大多数人不是令人感到乏味就是只顾他们自己，但当有一次她遇见了一位重要的图书出版商时，这种看法改变了。

她在提及这件事情时这样说道："如今，我明白了他的优秀与受人尊敬的原因。我们初次见面时，他便立即关心我的情况。他两眼注视着我，观察着我的面孔，留意我在交谈中出现的细微情绪变化。在我所遇见的男人中，像他这样能够敏锐地关注他人而不是自吹自擂的人真不多，尽管他比别人更有这样的资本。"

而当这位出版商听到斯丽雯对自己的评价时，他笑着说道："我一直以来就是这样了解别人的，通过仔细观察与感知我遇见的那些人，我同样已经很了解我自己了！"

可见，对他人情绪的识别或感知能力是了解自己与他人，以及随之建立良好人际关系的基础。但遗憾的是，生活中大多数人并不善于理解他人的情绪，除非别人表现得非常激烈。通常我们更注意的是他人的言语，然而据研究发现，人们在交流、传达信息时，通过语言传达的内容仅占7%，而绝大部分信息要通过面部表情、音调、肢体语言来传达。我们常常只注意到面部、肢体等大体的表情，而对于一些"眼神暗示""细微表情""下意识动作"等所携带的大量的情绪信息，却不能准确地阅读并获得。因此，我们能大致感觉到某人在生气并在尽力掩饰他的愤怒，但我们不知道这种愤怒是不是冲着我们来的。

因此，一个情商高手应该能以敏锐的观察力来捕捉对方身体动作所透露出的信息，懂得察言观色，懂得通过察觉他人的情绪来解读他人的心意。那么，到底该怎样做才能敏锐察觉并读懂对方的情绪呢？

让我们先来一起做个默剧游戏吧。看过卓别林在 20 世纪 50 年代所出演的默剧电影吗？这种以"肢体动作取代语言"来表现"非语言性"意境的表演方式带给人们一种别样的享受，从中你可以很轻松地读懂剧中人物的喜怒哀乐与生活境况。生活中，在尝试培养察觉他人情绪的习惯之前，不妨先玩一玩默剧游戏。

要求自己避免去听他人的声音，而是观察他人的表情与行为。例如，现在离你不远处有两个人在交流，你听不见他们说话，但可以观察到他们的面部表情。你仔细地观察他们的表情是怎样的，他们都有什么样的动作，随着交流的延续，他们发生着怎样的变化，等等。看看你能否从他们的表情与动作中猜测到他们的感觉，他们拥有什么样的情绪，拥有多少情绪，以及他们的情绪发生了怎样的变化。观察与思考都要务求仔细、准确。将这种练习持续下来，你会发现这将会辅助你察觉和辨识他人的非语言性感觉信号，然后为这些信号命名。

在玩默剧游戏的过程中，你需要掌握一些辨认表情的诀窍。心理学家发现，脸部展现情绪的地方主要有：嘴角（上扬或下垂），嘴形（张开或紧闭），眉毛（上扬或下垂），眼角（上扬或下垂），眼睛（睁大或微眯），以及额头（眉毛上扬则额间有横纹，眉头紧蹙则额间有直纹）。这些区域对于辨认某些情绪来说特别重要。例如，眉头及额头对于辨认悲伤、恐惧等情绪来说就特别重要，而嘴巴的表情则对于辨认厌恶与喜欢等情绪来说就很有意义。以下列出几种表情或肢体语言与其所隐含情绪的对照。

◎ 脸部发红、双唇紧闭、手臂或双腿交叉、说话语速快、姿势僵硬、握紧拳头——生气。

◎ 双唇紧闭、双眉皱起、斜眼看人、翘起一边嘴角、摇头、眼珠子转动——怀疑。

◎ 双臂或双腿交叉、避开对方眼神、呼吸加快、身体面对对方、闭口不语——敌意（防御性）。

◎ 眼光游移、身体左倚右靠、胡乱涂鸦、身子往一旁倾以避开某人目光、打呵欠、玩弄纸笔——无聊。

◎ 眼神乱瞟、姿势僵硬、不停地玩弄或调整纸笔和眼镜等物、汗流不止、笑得很突兀、抖动腿或身体——紧张。

当然，这种肢体语言与情绪的对照结论并非绝对。想要正确地解读肢体语言，需先了解几个原则。

• 肢体语言反映的，通常只是一种生理状态或一时的心智状况，而不代表常态性的人格特征。因此，不要只由初见时的肢体语言来判断一个人的情绪与品质。

• 不同的情绪，往往可能会经由类似的行为来宣泄。例如，姿势僵硬有时并非是因为紧张。因此，千万别死记每个单独动作的含义，而是要凭借整体的成套行为来做出判断。

　　•"一致性"是解读肢体语言的关键。察觉一个人的情绪时，不只要看他做了什么，更要看他改变了什么，这个改变值得引起注意。例如，一个人本来垂头丧气，但听到一个消息时，脸上露出了一丝笑容，这种改变就值得解读。

　　•清晰了解自己想要找到的特质，如先确定自己想看的"正直与否"，之后就能确定解读信息的方向，要避免漫无目的的分析。

　　培养对他人敏锐的情绪识别力与感知力，需要你的用心、细心与恒心。只要有了这三心，你就能深谙察言观色的道理，解开情绪交流的谜题。

第三章

情绪动机

知晓了自我的情绪化行为之后，我们不免会问：这些情绪化行为是如何产生的？为什么我们会在不同的情境下产生不同的情绪？而有时，即使面对相同的情境，为什么在不同的时刻也会有不同的情绪反应？我们的情绪究竟来自何处？它是如何产生的？

心理学家保罗·艾克曼及其同事针对以上问题，进行了多年的研究，并提出了情绪产生的九种基本途径。第一种是通过自动评估体系群的运作完成；第二种是从思考性评估开始，以自动评估结束；第三种是对过去情绪经历的回顾；第四种是想象；第五种是谈论过去的经历；第六种是体会别人的情绪；第七种是别人教给我们何时应该情绪化；第八种是违反社会规范；第九种是主动做出某种表情而产生相应的情绪。

本章将为您详细讲解其中几种重要的情绪产生途径。

情绪的自动评估反应机制

——随"心"应变

> 我们都有一种自动评估体系，在第一时间对外界环境产生评估与反应，其速度是如此之快，以至于我们无法弄清它们在大脑中是如何形成的。

一日早起，米荞正匆匆准备去上班，丈夫保罗对她说："荞，很抱歉，我临时有事，不能接儿子放学回家，必须由你来接了。"突然听到丈夫这么说，米荞被惹恼了，她几乎是脱口而出地吼道："你什么事情都不事先考虑一下我！为什么不早点告诉我？我今天下午也有事！"

无疑，保罗从妻子的口气与表情中已经听出、看到了她的恼怒。保罗几乎也是不假思索地回敬道："你有什么权力吼我？干吗气成这样？有些事情也不是我能预料到的，上司也是刚刚通知我的，我又怎能事先通知你？！"

米荞现在知道保罗并不是不尊重她，本想就此罢休，但仍处在恼怒状态下的她却要为自己找个台阶下，于是反过来又回敬了一句："你为什么一开始不说清楚？！"说完，米荞拎起包开门就走。一个春光明媚的早晨就这样在一件小事的干扰下变得灰暗了。

上述案例揭示了情绪产生的一个重要途径——潜意识，或者是下意识、本能的反应。在这样一个情景中，我们的思维与潜意识是分离的，我们同时明显地感受着思维与潜意识的交锋。但是潜意识的力量远远大于思维的力量，以至于我们不由自主地产生了生理上的反应——在这种情况下，再强劲有力的强迫性思维（意志力）都是徒劳无益的。情绪在不经意间产生，其速度之快难以预料。从被刺激到爆发的时间几乎是间不容发，知觉的评估几乎是在瞬间完成，甚至是在意识尚未察觉之前便已完成。受情绪指挥的行为反应总是特别迅速，但从理性的角度分析往往会觉得莫名其妙。我们常常在事过境迁甚或行为反应的中途感到疑惑：我这是在干什么？显然这时理性已经觉醒，只是速度不及情绪。

心理学专家艾克曼将情绪反应受潜意识支配的现象，称为情绪的自动评估反应。在艾克曼看来，我们每个人体内都有一种自动的评估体系，随时监控我们周围的世界，随时发现与我们自身利益息息相关的事件。自动评估下的情绪反应通常是突如其来的，以至于我们无法弄清它们在大脑中是如何形成的。我们能够在很短的时间里完成相当复杂的评估过程——仅需几毫秒，而且是在完全没有意识的情况下。

在上述案例中，米莽与保罗的情绪反应均属于自动评估下的情绪反应。米莽在听到保罗告知的消息后，未经选择去理智分析便产生了恼怒的情绪，因为自动评估体系将丈夫的话解释为不尊重她、没有为她考虑、会阻碍她达到目标；而保罗面对妻子的误解、生气，同样陷入了情绪的自动评估反应，于是妻子的生气随即引发了丈夫的生气。

自动评估下的情绪反应模式是侦测危机的雷达，为我们做好了应对突发的重要事件的准备，使我们不加思考就能做出反应；但由于其力求速度而牺牲了准确性，随"心"应变而无暇审慎分析，因而难免造成仓促论断、误判误导。

同时，在情绪压过理智的情况下，所有的知识都是不管用的，甚至连手边的信息都没有用。陷入不适当的情绪时，我们会以符合自身感受的方式来解释所发生的事，而忽略不符合感受的知识。我们不会质疑自己为什么感受到一种特殊的情绪，反而会想办法证实它，并竭力保持原有的情绪。在许多处境中，这种方式有助于我们关注如何对即将发生的问题做出反应，了解紧急的事并做出决定。可是，这种反应也能造成问题，因为陷入情绪时，我们会忽略可以证明自己情绪不适当的知识，也会忽略周围不符合当下情绪的新信息。换句话说，引导我们专注的机制，也会扭曲我们以新知和原有知识处理事情的能力。

鉴于此，提升你的情绪调控能力需要注意以下几个方面。

把握关键的 6 秒钟时差

心理学家弗里德曼认为，情绪的自动评估反应机制发生的时间大约为 6 秒钟。如果我们能够在情绪产生的那一刻耐住性子等待约 6 秒钟——只有在经过大约 6 秒钟之后，大脑的边缘系统才能将情绪信息传递给脑皮质，情绪与思考才能真正得以链接——我们就能让情绪与思考彼此沟通且通过综合信息完成"高情商"的决策与行动。因此，我们有必要为自己的情绪安装一个"闸门"，把握这关键的 6 秒钟时差。也许，只需要这 6 秒钟的时间，你就能走下情绪电梯。

警惕你的不反应期

在心理学上，有一个术语叫"情绪的不反应期"，也称情绪过滤理智期。在这段时期，我们无法接受不符合当下情绪、不能持续原有情绪、不能将情绪合理化的信息。如果不反应期持续时间较短，则较为有利，可以在这短短的期间内，把注意力从原有的情绪中摆脱出来而着眼于眼前的问题，从而选择最佳的情绪应对方式；如果不反应期持续时间较长，则会引发问题，或有不恰当的情绪化反应。

在上述案例中，当妻子米荞已意识到丈夫并不是不尊重她时，她本可以缓和情绪，告诫自己不要再生气，然而此时的她处在情绪的不反应期，原有的恼怒情绪依然想要证明自己的合理性，于是她选择了不让步、紧抓怒气不放。

生活中正是由于许多人不了解自己的不反应期，才使得自己一再陷入情绪化的反应之中，导致在事后反省时后悔莫及。想要有效地调控自己的情绪，就必须做到警惕与消减自己的情绪不反应期。可以从身边亲近的人所给予的回馈，以及自己对自身情绪发展规律的总结，清晰地了解自己容易在什么情况下、在面临什么事情时会处于情绪的不反应期，从而形成警惕性，并逐步进行消减。

思考性评估为你的思维留出了更多的空间，因此让你有机会认识到，如何才能有意防止对发生的事情做出错误的判断。

情绪的思考性评估机制

——先感后思

在洛克菲勒掌管石油公司期间，他的一名高级主管由于做出了一个错误决策，使公司损失了200多万美元。坏消息传出后，公司主管人员都设法避开洛克菲勒，唯恐他将怒气发泄到自己身上。

一天，公司的合伙人爱德华先生走进洛克菲勒的办公室时，发现这位石油帝国的老板正伏在桌子上，用铅笔在一张纸上写着什么。

"哦，是你，爱德华先生。"洛克菲勒说道："你应该已经知道了我们的损失。我想找负责的主管谈谈，但在谈之前我做了一些笔记。"爱德华先生凑近一看，原来，在那张纸的最上面写着："某某先生曾为公司做出的贡献。"下面列出了一长串此人的优点，其中提到他曾多次帮助公司做出正确的决定，为公司赢得的利润比这次的损失要多得多。

洛克菲勒每次在遇到问题时，都会强迫自己坐下来，拿出纸和笔，分析一番。在他这样做之后，原本有可能产生的不健康的负性情绪便不会再产生了，即使产生情绪，也是一种健康的负性情绪或积极情绪。洛克菲勒的这种情绪应对方式是一种与自动评估反应截然不同的方式——思考性评估，即在情绪爆发之前，先强迫自己冷静下来，理智分析，之后再决定将挑选哪一种情绪。如你遇到一位女士，她滔滔不绝地向你谈论一件事情，你既不明白她为什么要说这些，也不知道她的重点是什么。你对她察言观色，对她的话进行思考，然后你意识到她对你的工作构成了干扰。这时你产生了厌恶或愤怒等情绪。在这种情绪产生模式中，是先有清晰的思想而后再产生情绪。

思考性评估为我们的思维留出了更多的空间，因此让我们有机会认识到，如何才能有意地防止对发生的事情做出错误的判断。例如，当你听到员工带来的坏消息后，你的体内已经产生了愤怒、焦虑等情绪，情绪的本能反应是想斥责员工工作不力，但这个行动其实根本于事无补。如果此时你能勉力在采取"斥责"行动之前先进行思考性评估，那么，你的大脑就会告诉你——根据你心中最理想的"会议"结果，斥责员工毫无用处；你的感受也会告诉你——员工自己感到无比的内疚。最能够让员工和你一起负起责任、积极协作解决问题的情绪应该是鼓励和安慰，当下，你必须专注于展现你理解的态度和对卓越成果的激情渴望。在经历了这一番思考性评估之后，你在与员工对话、交谈的过程中，便能收到积极的、建设性的成果。

孔子曾说，"君子敏于行而讷于言"，之所以"讷于言"，在现代心理学中便可用"思考性评估"来阐释，即遇事要先思后说，先想清楚了再把话说出口。这种习惯与素质不仅是君子的特征，更是成就高情商所必须修炼的基本功。在运用思考性评估进行情绪调控时，你只需记住以下几个关键点："该不该""值不值""有没有用""如何超越"。例如，某人顶撞了你，你该如何选择情绪？此时你可以问问自己：

◎ 遇到问题，先问自己该不该产生情绪——别人顶撞了你，而你自己并没有做错什么。道理在你这一方，按说你应该生气。

◎ 对于应该产生的情绪，再问自己值不值——"这家伙，太猖狂了，居然顶撞我！我给他点颜色看看"。于是，你大声怒呵，回敬他的顶撞。出了自己的恶气，感觉挺值的。

◎ 对于应该、值得的情绪，还需问自己有没有用——如果你的怒气发泄过后，引来的是双方更大的情绪。那就是没用，即无益于矛盾的解决。

◎ 如果有可能，问问自己能否超越现有问题，变坏事为好事——如果你的情绪反应得当，不仅可能平息双方的情绪，还可能促使双方发展出更好的关系。

在经历了这样的思考环节过后，你便能够对当前的问题与矛盾进行"重新判断"了，即自觉地从一种比较积极的角度去看待他人对你的"冒犯"了，并以一种积极的态度与妥善的情绪应对方式来处理眼前的问题与矛盾了。

另外，要真正实现科学合理的思考性评估反应模式，还需要建立科学合理的认知。这其中的道理要从情绪机制与认知模式的关系说起。

20世纪70年代初，美国心理学家沙赫特和辛格设计了一个复杂的心理实验：他们把实验参加者分成两大组，一个称为实验组，另一个称为控制组。实验前，他们告诉所有的实验参加者，这个实验是要考察一种新型维生素化合物对视力的影响效果，这种新型维生素对于人体没有任何毒副作用。在征得这些实验参加者的同意后，心理学家及研究助手们为他们注射了这种新型维生素。

但实际上，心理学家们给控制组的实验参加者注射的是生理盐水，而给实验组的实验参加者注射的是肾上腺素。肾上腺素会使人出现心悸、颤抖、灼热、血压升高、呼吸加快等反应，从而使人处于典型的生理唤醒状态。

注射以后，心理学家们又将实验组的实验参加者分为了三个小组：

（1）"告知组"：告诉实验参加者药物会导致心悸、颤抖、兴奋等反应；

（2）"未告知组"：对实验参加者说药物是温和的，不会有副作用；

（3）"误告知组"：告诉实验参加者药物会导致全身麻木、发痒和头痛。

然后，心理学家们人为地安排两个实验情境："欣快"情境与"愤怒"情境。当实验参加者进入"欣快"情境时，看见一个人（实验助手）在室内唱歌、跳舞、玩耍，表现得十分快乐，并邀请实验参加者一同玩耍。而进入"愤怒"情境的实验参加者则看见一个人（实验助手）正对填写着的一张调查表发怒、咒骂、跺脚，并最后撕毁调查表；实验参加者也被要求填写同样的调查表，表上的题目带有人身攻击和侮辱性，并会让人产生极大的愤怒。实验组三个小组的实验参加者各有一半进入"欣快"情境，另一半则进入"愤怒"情境。

当时心理学界对于情绪的产生存在着两种认识：一种认为情绪是由于环境的刺激而产生的；另一种认为情绪是因为人的生理唤醒而产生的。

于是，沙赫特和辛格为自己的实验做出的假设是：如果生理唤醒决定情绪的产生，那么实验组三个小组的实验参加者应该产生同样的情绪；如果环境因素决定情绪的产生，那么所有进入"欣快"情境的实验参加者应该产生欣快的情绪，所有进入"愤怒"情境的实验参加者应该产生愤怒的情绪。

然而，真正的实验结果是：控制组和告知组的实验参加者在室内安静地等待并镇静地进行他们的工作，毫不理会同伴的古怪行为；未告知组和误告知组的实验参加者则倾向于追随室内同伴的行为，变得欣快或愤怒。

沙赫特和辛格对此的解释是：控制组的实验参加者未经受生理唤醒，告知组的实验参加者能正确解释自身的生理唤醒，他们都不被环境中同伴的情绪所影响，因此没有任何情绪反应；未告知组和误告知组的实验参加者因对自身的生理唤醒没有现成的解释，从而受到了环境中同伴行为的暗示，把生理唤醒与"欣快"或"愤怒"的情境联系起来并表现出相应的情绪行为。

由此，两位心理学家得出了这样的结论：真正的情绪体验是个体利用过去经验和当前环境的信息对自身唤醒状态做出合理的解释，正是这种解释决定着产生怎样的情绪。所以，无论是生理唤醒还是环境因素都不能单独决定情绪，情绪发生的关键取决于认知因素。通俗地说，就是我们对于一件事情或一个人的看法和态度才是决定我们产生何种情绪的重要因素。

从这个实验的结论中，我们不难看出，建立一个对事件或人的合理认知才是进行情绪管理的根本之道，更是敏捷、快速、科学的思考性评估反应形成的基础。

由情绪引发的记忆是如此深刻，就像是在大脑皮层上留下的一道疤痕。对过去情绪事件的回忆能够引发情绪，记忆在引发情绪方面具有重要的作用。

记忆引发的情绪

——回顾过去的经历

心理学家保罗·艾克曼与罗伯特·利文森曾做过一个实验：用记忆来刺激情绪。他们原以为，受试者面对摄像机，浑身上下接满了测量心率、呼吸、血压、出汗和皮肤温度的各种线，可能很难回忆起过去的经历。然而恰恰相反，大多数人似乎非常渴望能有机会重现和重温过去的情绪经历。一有机会，一些人甚至会立刻表现出情绪。而且，实验还证明，人们在回忆起过去的经历时，很容易产生与当时相似或相同的情绪。回忆起的场景，即使不能使受试者马上重温当时的情绪，也会使他们有机会重新建构生活中的事件。

心理学家的实验揭示了情绪产生的另一个途径——回顾过去的经历，也揭示了情绪与记忆之间存在的紧密的联系。经历过的事情及其连带的当时的情景与情绪化的反应会或深或浅地留在我们的记忆之中，当再次回忆起这些经历时，我们也许能再次体会到当时的感觉，或者会产生不同的感觉。例如，一个人可能对当时的事情感到怨恨或恼怒，再次想起时也许感到懊悔或自责，也许感到非常平静。

记忆能帮助我们重温过去的经历、过去的情绪。但如果任由记忆的光顾，尤其是时常体味过去所经历的负面情绪，则只会打乱当前的心境。也许你常会纳闷为什么同样的问题总是一而再、再而三地出现，其实这不是问题与情绪在找你、纠缠你，而是你身体里留存的情绪记忆在作祟。这些情绪记忆是被我们压抑下来的、库存在体内的、转变为潜意识的东西，即心理学家荣格所说的"阴影"。这些被我们压抑下来的阴影，都是没有释放的能量，它们不时会浮上台面，对我们造成困扰。

那么，如何有效利用情绪与记忆之间积极的一面，割断负面记忆对情绪所形成的影响呢？

选择心情平静的时候，回忆过去的情绪经历，从而获得一个客观的评价

"记忆的自动激活与选择性"理论认为，人在特定的情绪状态下，更容易唤起相似的情绪记忆。例如，当你与另一半处在甜蜜的状态时，曾经的愉快也很容易被联想起来成为锦上添花；当你愤怒时，陈年的委屈和不满更容易被纷纷联想起来成为雪上加霜。同时，在特定的情绪状态下，人对事物的感知也是有选择性的，那些和当前情绪状态一致的事实，更容易引起我们的注意。例如，同样是面对一处场景，心情不同的时候，观赏后的感受也是不一样的；同理，那些和你的心境一致的内容，你会记得更清楚，而那些和你的心境相左的内容就显得相对模糊。

正因为记忆与情绪之间的这种选择性，处在强烈情绪反应过程中的人很难对过去的经历有一个全面而客观的评价。因此，比较明智的方法是，选择心平气和的时候回忆过去的情绪经历，此时充分的理性与理智分析才能帮你看清过去，认清现实，把握未来。

培养积极的心境与积极的情绪状态，从而获得一个崭新的看待问题的角度

"心境一致记忆"观点认为，个体经历一种特殊的心境后，当他们有选择地接触、阐述、学习情感基调等类似的材料时，倾向于以一种相同的心境来解释这种经验。通过先前的情绪联想，这些材料被纳入已有的情感图式中。这种偏好加工被称作"心境一致记忆"，即积极的情绪有利于积极信息的加工和回忆，消极的情绪有利于消极信息的加工和回忆。

许多心理学实验都证明了这一点，1981 年 Bower 的实验就是一个例子。实验中要求被试读一段故事，故事中的两个角色，一个是悲伤的，一个是愉快的。阅读前，被试通过催眠诱发出愉快和悲伤的心境，阅读之后，在一种中性心境中回忆故事，结果发现两组被试有很大不同，在阅读中处于悲伤心境的被试，更多地认同悲伤的角色，认为他是故事的主角，并且记住了有关悲伤的更多的细节，而阅读中处于愉快心境的被试则更多地认同愉快的角色。

"心境一致记忆"说明，对于同样一件事情，不同的情绪状态、不同的心境所引发的回忆与信息加工结果会有很大的不同。因此，试着转变自己的心境，培养积极的情绪状态，将会让你拥有一个崭新的看待问题的角度。

控制情境刺激，寻找一个恰当的、新的情境和新的刺激来唤起更为积极的情绪体验

除了"心境一致记忆"，心理学家在最近的研究中还发现，依赖于个体的自尊状况，还会产生"心境不一致记忆"。

1995 年，Smith 和 Petty 的实验证明了这一点。实验中让被试看一段描写一个患癌症男孩的故事的录像，从而诱发出被试的消极情绪，然后

给被试一张中性图片，让其根据图片内容写一段故事。通过判断故事所表达的情绪发现，低自尊的被试所描写的故事的情绪与诱发出的心境是正相关的，而高自尊的被试则正相反。即当引入一个消极情境时，低自尊者表现出心境一致的回忆，但高自尊者并非如此，高自尊者越是感受到消极的情绪，越是表现出积极的认知，即产生心境不一致的回忆。

这方面的研究表明，越是容易悲观、焦虑、抑郁的人在消极的情境中越容易引发消极的回忆，这反而加重了个体的消极情绪，从而形成恶性循环；而乐观、自信的人，即使在消极的情境中也会进行自我调节，产生积极的认知与积极的情绪。

因此，对于那些容易有消极情绪的人来说，必须学会有效调节情绪，其中控制情境刺激便是一个必然的选择。所谓"控制情境刺激"，就是减少环境中容易唤起某种情绪记忆的刺激。最简单的方法就是离开让你产生不良情绪的环境，寻找一个恰当的、新的情境和新的刺激来唤起另一种性质完全不同的情感，有意识地转移话题或做点别的事情来分散你对于不良情绪的注意力。

如果能够想象一些情景使自己变得情绪化，那么我们也许就能削弱一些情绪诱因的作用。我们可以在头脑中演练或试验对事件的不同反应，让它们不能再影响我们的情绪。

想象唤起的情感

——"精神想象操"的魅力

美国的卡尔·西蒙顿医生，在运用想象的力量治好了自身的皮肤癌之后，便创造了"精神想象操"来治疗晚期肿瘤疾患。在医生的指导下，患者每天做三次"精神想象操"：闭目静坐，顺着"精神想象操"的指导语而开始精神想象。大多数患者在实施了"精神想象操"之后，感觉心情舒畅了很多，原有的烦躁、恐惧、悲观等情绪也减弱了不少。这些患者的临床诊断虽然已明确表明他们的生命不会超过一年，然而，在西蒙顿的整体机能治疗下，其中绝大多数人的生命都延长了，最短的也生存了20个月以上。另有一位喉癌患者，癌细胞几乎阻塞了她的咽喉，她每天只能喝一些果汁，医生已"无计可施"，断言她只能活一两个月。然而，这位患者接受了一位精神心理学家的建议，运用"精神想象操"，每天静坐在床上，调整情绪，排除杂念，想象自己体内的白细胞成了骁勇的"战士"，一起集中到喉头将癌细胞恶魔一个个杀死。如此实施了一个月，她的病情便产生了明显好转，一年之后，癌细胞竟奇迹般地消失了。

"精神想象操"之所以具有如此强大的功能与魔力，根源就在于其借助了想象的力量。心理学家认为，大脑与人体免疫系统之间存在着某种尚未被人类了解的渠道，想象可以使免疫机能得到改善，从而有效地抑制疾病。患者通过运用其主观意念进行积极的思维和想象，乐观向上的情绪便取代了各种不良情绪，从而能够以一种积极的心境面对病魔，结果便是提高了身体的免疫力和抗病力，并最终战胜病魔。

由此看来，想象也是引发情绪反应的途径之一。无数的心理学实验都证明：积极的想象有助于消除负面情绪，减轻心理压力。如在面试、大考前，想象自己胸有成竹地回答问题；接受某个项目后，想象自己所向披靡一气呵成；和朋友相约旅游，想象大家一起其乐融融；想象克服困难的情景；想象取得成绩、受到嘉奖的情景……别以为这是想入非非，想象的时候，你便受到了激励，安定了情绪，获得了自信。

据此，心理学家艾克曼认为：如果能够想象一些情景使自己变得情绪化，那么我们也许就能削弱一些情绪诱因的作用。我们可以在头脑中演练或试验对事件的不同反应，让它们不能再影响我们的情绪。

同时，人类的大脑右半球司职想象功能，如果人们能通过想象唤起真正的情感，便能促使我们做出一些真正的决定，并且付诸于实际行动，从而改变原来不恰当的行为习惯。也许很多亚健康者对耳边时常响起的"多运动"的忠告早已厌烦，但当要求他们运用自己的想象力勾勒出在沙滩上追逐海浪、快乐奔跑的场景，和亲密的爱人一起躺在铺满玫瑰花的浴缸里进行露天沐浴的场景时，效果将会完全不同。这些"健康场景的想象"有利于他们积极地采纳医生的建议，从而获得健康的身心。

通过想象来调控情绪、治疗疾病的方法，如"想象意念法""想象放松法"等都被证明是行之有效的，在国内外的情绪调节、心理治疗中都被普遍采纳。

"想象放松法"

这种方法通过想象一些惬意愉悦的情景来调节情绪。这种方法通常结合其他的一些方法，如暗示、联想等使用。想象最能让自己感到舒适、惬意、放松的情景，如你可以想象自己静静地躺在海滩上，周围没有其他的人；温暖的阳光照射着你的脸庞，轻柔的海风温抚着你的身体，美丽的海涛在为你演唱着动听的歌谣。就这样静静地躺着，想象着这种美景，享受着周围的美轮美奂……在实施"想象放松法"时，要使自己尽量放松下来，并尽可能地将场景想象得具体生动，全面利用自己的五官去感觉，这样才能达到最佳的效果。

在实施"想象放松法"前，可以先准备一个现成的"想象图片库"，可以是一本相册，收藏着你认为是最美好、最震撼的照片。如旅行途中看到的日出，万朵云霞镶上金边；如在竹子上刻下的你和他的名字，雨水深深浅浅地沁入了属于你们的刻痕……这些"不俗"的场景不是一下子就能想象出的，准备一些"想象成品"，可以直接、迅速地打动你。

"想象意念法"

这种方法实施的步骤如下：

第一步：放松。闭目、舌舔上腭，由头至脚，循序放松全身各部分关节和肌肉，使自己处于完全放松的状态，使身体的每一个部位、每一块肌肉都松弛下来。

第二步：入静。使注意力由外向内回收，不受外界纷扰的影响。此时大脑不要考虑任何问题，大脑要完全放松下来，做到真正的入静。

第三步：聚气。用意念去想象大地充满着激活万物的"生命之气"，而且要将这种具有激活之力的"生命之气"通过想象，使之慢慢地、慢慢地在头顶上方"集合凝化"在一起。

第四步：充盈。通过意念和想象，让这股"生命之气"从脑部的百会穴射下来，然后通过想象，让这股"生命之气"进入自己的体内，充盈弥漫自己身体的每一个角落，照亮并温暖自己的身体。

第五步：排浊。"生命之气"是能量、光明、活力的象征，它在体内的充盈将使负性情绪、心理症结等形成的"污浊之气"难以容身。通过意念和想象，使这股"浊气"或"浊流""流向"脚下，从涌泉穴排泄出去。

高水平的倾诉本身就是一种心理平衡过程、心理整合过程，甚至是一种心理康复过程。但高水平的倾诉要求你必须掌握"在什么时候，找什么人，如何倾诉"的技术。

倾诉的秘诀

——"一吐为快"需得法

　　30岁出头的丽敏是一名中学教师。她的婚姻和工作都不大如意。由于一次意外的交通事故，丈夫在几年前离她而去。她与现任男友之间又总有一些矛盾与不愉快的事情发生。同时，由于对学生要求过于严格，她的工作得不到学生的支持与理解，甚至还有一些学生家长向学校和主管部门投诉她。处在工作与生活双重压力之下的丽敏，越来越感觉到情绪暴躁、心情失落。于是，她开始寻求向周围的人倾诉自己的痛苦。每次倾诉之后，她的苦恼和痛苦确实减轻了很多，但过了一段时间之后，她发现倾诉并没能继续给她缓解压力，反而增加了她的负性情绪。而且，由于说得太多，事后又引起别人产生了一些不必要的误会，更增加了她的苦恼和痛苦。后来，在感到痛苦的时候，她就不知道该不该去倾诉了。然而，由于心中的痛苦长期得不到疏通，丽敏的情绪状况更加糟糕，她的失眠症也加重了，整夜整夜地不能入睡。

　　倾诉与情绪之间有着紧密的联系。在生活中，随时随地都发生着各种各样的情绪事件，当这些事件发生后，人们普遍倾向于自愿向他人诉说，与他人谈论这些情绪事件以及自己的感受。在进行了正确有效的倾诉之后，当事人会有一种如释重负、一吐为快的感觉。心理学将这种现象称为"情绪社会分享"。

然而，为什么案例中的主人公在倾诉了一段时间之后不仅情绪没有缓解，反而负性情绪更多了呢？原因就在于她陷入了"倾诉综合征"，即有倾诉饥渴，从而过度倾诉。心理学的一项研究证明了过度倾诉不仅不利于消除负性情绪，反而会助长负性情绪。这项研究由美国心理学博士马克·西里及其同事实施，发表在美国的《咨询与临床心理学杂志》上。研究随机抽取了 2000 名经历过"9·11"灾难的美国人，其中一部分亲历者选择对自己的感受和想法避而不谈，另一部分则经常向别人诉说自己的经历。两年后的跟踪调查发现，经常倾诉的人，其心理创伤恢复程度反而没有沉默的人好。

这种"倾诉综合征"在女性特别是年轻女性当中存在得非常普遍。她们经常聚在一起讨论"为什么他不打电话来""我该和他分手吗"之类的情感问题。而微信、QQ 等现代沟通手段，更是大大方便甚至强化了女性朋友之间的交流和沟通。然而，正如心理学家罗斯所说："当女孩们互诉心中烦恼时，她们可能会因为得到支持和肯定而感觉好些。但由于她们不是在就事论事，因此她们聊得越多心情可能会越糟。"

在生活中，要警惕"倾诉综合征"，首先需要认识正常倾诉与倾诉饥渴之间的区别：

◎ 遇到事情时，你是首先想到找他人倾诉并立刻付诸行动，还是首先努力自我消化，实在无法消化时才找最可信赖的人倾诉，这是倾诉饥渴人群与正常人群的分水岭。

◎ 正常倾诉的动机在于解决问题，获取好的经验与解决问题的办法；而倾诉饥渴的动机则在于为倾诉而倾诉，沉溺在问题本身之中。

◎ 正常倾诉之后，当事人会有相当放松的感觉，并能够立刻将精力集中于其他事情；而倾诉饥渴的人，则只能在倾诉之中获得快感，因此必须不断倾诉，哪怕对同样一件事重复100遍也依然意犹未尽。

同时，警惕"倾诉综合征"，发挥倾诉的积极有效的功能，还需要你掌握正确的、科学的倾诉技巧。这种技巧的核心原则在于："在什么时候，找什么人，如何倾诉"。

在什么时候找人倾诉

也许你会说，这是一个简单的问题。有烦恼了，心情不好了，就找人倾诉呗！其实不然。这种想倾诉就倾诉的做法在更多的时候并不能收到很好的倾诉效果，甚至有可能使自己陷入"倾诉综合征"。正确的做法是：在倾诉之前要想清楚，你是否需要向他人倾诉；你想通过倾诉达成怎样的目的；你仅仅是为了倾诉而倾诉还是希望能从倾诉中寻求解决问题的办法；通过倾诉你是否能够获得希望达成的效果。同时，你还需要在思想上做好准备，最好将一切琐事抛开，留出充分的时间并做好直面自我灵魂、勇敢解剖自我的准备。

找什么人倾诉

倾诉不可太随意，不能不看对象地胡乱倾诉。心理学家研究认为，一个良好的倾诉对象应具有这样的特点：一是对情绪事件的体验者表现出较多的注意和理解；二是提供信息支持（如建议）和重新评价；三是给予互动或者移情性行为（如分享自己的体验，表明体验到同样的情感）；

四是表达依恋情感或者做出安抚行为（如空间距离接近、安慰、让对方感到安全可靠等）。

一般来说，能符合上述要求的理想对象是心理咨询师。向心理咨询师倾诉，往往能够得到及时有效的指点和疏导，同时由于心理咨询师具有对倾诉者所倾诉内容进行严格保密的职业道德，效果会好得多。但是，对于许多还不习惯于找心理咨询师倾诉的人来说，找亲朋好友倾诉就显得十分重要了。而找亲朋好友倾诉，就必须要找那些善解人意且真诚可信的人，千万不可找那些喜欢搬弄是非或缺乏诚信的人，另外也千万不要找太容易被你的情绪感染的人，那样只能让你越说越气愤。

如何倾诉

找心理咨询师等一些专业人士一般不存在如何倾诉的问题，因为这些人士会运用专业的知识对你倾诉中的问题进行澄清。但对亲朋好友倾诉时则要注意：在倾诉中要尽量客观、实事求是，不要夸大、隐瞒事实，否则很难使你的倾诉对象为你提供有效的解决问题的办法；尽量不使用极端化和情绪化的语言，因为这种语言不仅具有很大的破坏性和传染性，而且在缺乏专业人士及时纠正的情况下会使倾诉走向反面，即不断地强化负性情绪，这样的倾诉是有害而无益的。

保持一种面部表情将引起真正的情绪。因此，要改变自己的情绪，最直接的方法就是改变自己的表情。

刻意表现出来的情绪

——弄假成真的玄机

　　燕波是一位刚刚步入职场的新人，职场经历的许多困难与挫折都让她一筹莫展。这天，燕波经人介绍走入了心理咨询室。进入咨询室时，她眉头紧锁，声音低觉，精神萎靡不振。她告诉咨询师："进公司半年了我就没有笑过。实在是太压抑，我很怕上司，同事间复杂的关系也让我感觉到很害怕。"经验丰富的咨询师明白，像燕波这样的来访者，其实积压着太多的情绪，"大道理"是无法说服和改变她的，于是咨询师采用了一种特殊的处理思路。

　　咨询师让燕波把她害怕、担心、讨厌的事情一一列举出来，结果她写了很多。咨询师告诉她："现在把你列举的每一件事情都读出来。但是要记住，每读一条的时候都要刻意表现出很高兴的样子，并发出'哈哈'两声。"燕波听了大惑不解，但她还是照着咨询师的方法做了。很出乎她的意料，读着读着，她也忍不住笑出声来。这样的笑声居然让她的心情变得格外晴朗起来。

在心理学中，有一个术语叫"面部表情反馈"，其提出者是伊扎德等人。他们认为，脸部表情与情绪是相互关联的，情绪活动会引起面部表情内在的程序化改变，而后面部的感觉会给大脑提供一些线索，帮助人们确定自己所体验到的情绪。同时，刻意做出来的表情也能够使人的自律神经系统发生变化。因为脸部肌肉的改变会传递信息给大脑的感情中枢，大脑接收到信息之后便会分泌化学物质，产生快乐或忧伤的情绪感受。而当这些情绪再被传回大脑时，将会加强脸部表情。

艾克曼教授的实验也证明了这一点。在 10 年间，他与同伴完成了 4 个实验，其中一个是在非西方文化环境中进行的（西苏门答腊岛上的米南卡包）。当人们按照研究人员的指令实施某些肌肉运动时，便会出现生理变化，而且大多数人都感受到了情绪。在另一项专门针对微笑的研究中，研究人员发现，做出微笑的表情会使大脑产生喜悦的情绪变化。当然并不是任何一种微笑都有作用，这只适用于那些真正代表喜悦的微笑。

针对面部表情与情绪之间的这种相互关联性，艾克曼教授一语中的："保持一种面部表情将引起真正的情绪。"由此看来，通过刻意做出的表情来刺激生理变化，制造情绪，虽然不是通常意义下人们情绪产生的动机与情绪体验的方式，却是一种有效的、确实存在的情绪产生方式。

因此，好心情是可以"装"出来的。要改变自己的情绪，最直接的方法就是改变自己的表情。当你心情不好时，试着做出微笑的表情，你会感觉到你的情绪所产生的积极变化。让我们看看美国心理学家霍特举过的一个例子：

> 有一天，友人弗雷德感到意志消沉。他通常应付情绪低落的办法是避不见人，直到这种心情消散为止。但这天他要和上司举行重要会议，所以他决定装出一副快乐的表情。他在会议上笑容可掬、谈笑风生，装成心情愉快而又和蔼可亲的样子。令他惊奇的是，他不久就发现自己不再抑郁不振了。弗雷德不知道，他无意中采用了心理学研究方面一项重要的新原理：装作有某种心情，往往能帮助我们真的获得这种感受——在困境中较有自信心，在事情不如意时较为快乐。

这就是心理学中"弄假成真"的玄机所在。美国著名教育家卡耐基也极力提倡这种"弄假成真"的方法,他说:"假如你'假装'对工作感兴趣,这种态度往往就会使你的兴趣变成真的。这种态度还能减少疲劳、紧张和忧虑。"当然,真正实践这种"弄假成真"制造快乐情绪的方法并非易事。但坚持运用下面几种方法,你会发现让自己快乐起来其实并不难。

永远都不要皱眉头

有的人也许会说,皱眉头是在思索问题。其实,任何时候都不应该皱眉头。比如,练气功就是要练"开天目",如果老是皱眉头,天目穴就会永远打不开,而老和尚就能真正练到慈眉善目。不皱眉头的好处在于:眉头一打开,心门就能打开,就比较容易接纳新事物。因此,即使遇到再苦的事情,也不要皱眉头,要想办法把眉头打开,眉头一打开,想的方法就会多一些。

嘴角线不能老是向下

有人问一位总带着甜美微笑的空姐为什么总能这么快乐,空姐回答在训练课上,老师是这样教她的:想象自己经历的最快乐的事情,把精神调整到最佳状态,对着镜子看自己的嘴形,有没有微微上翘。

人们经常说,18 岁之前的长相是由父母决定的,但 18 岁之后的长相却是由你自己决定的。也就是说,一个人可以长得不够漂亮,但是绝对可以长得比较有吸引力。因此,对我们来说,最起码的一个要求是:首先把嘴巴微微地闭起来,然后,感觉嘴角线向上伸展。一开始这样做时肌肉会感觉有点酸,但是过段时间就会适应了。

更重要的是具有人格魅力

经过一段时间的训练之后,你会发现自己的长相在发生变化,同时你自身的气质也在发生变化。这些变化会为一个人的成功带来好处。

　　有一句话说：小钱是辛苦追来的，但是大钱是被吸引而来的；小事业是辛苦追来的，大事业常常是被吸引而来的。因此，我们真正要做的是去修炼自己的内心。当修炼到这个境界的时候，个体就会产生强大的吸引力，自然会吸引更多的人愿意长久地跟你合作，有更多的员工愿意长久地追随你，企业也就会越做越大。

　　快乐是不能强迫的，解决这一问题的关键就在于：行动起来！很多时候，只要我们行动起来，生活就能充满阳光。例如在郁闷时、在心情烦躁时，改善身边的环境，收拾干净自己的住所，把自己的房间装扮一新；亲自炒几个自己爱吃的小菜，如果有可能，最好把朋友请过来一起分享；买一盆既好看又好养的花，放在自己经常能看到的地方；参加一些社会交往活动，如聚会、健身班、绘画班，等等；有选择性地买一些既便宜又好听、好看的 CD 和 DVD，在自己的小屋里看看大片、听听音乐，自娱自乐一番，等等。

　　所有这些方法的核心宗旨就在于积极调动起你身体里的每一个细胞，不要让其沉浸在低沉的情绪状态之中。虽然这些方法看起来似乎有点"装"，与你起初的心境情绪相悖，但只有你行动起来，打开心灵之窗，阳光才能照进来，你的心情才能随之晴朗起来。

小贴士　快乐的笑脸

制作四张相同的笑脸图，以保证一天当中，你每分每秒都能看到它们。

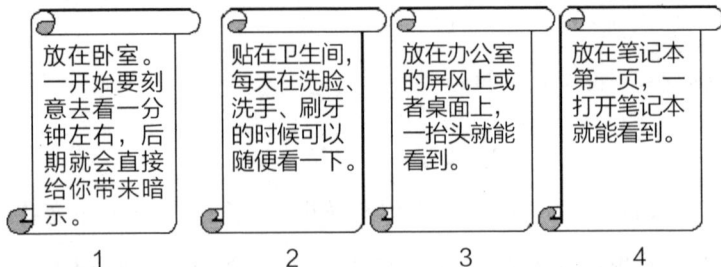

1	2	3	4
放在卧室。一开始要刻意去看一分钟左右，后期就会直接给你带来暗示。	贴在卫生间，每天在洗脸、洗手、刷牙的时候可以随便看一下。	放在办公室的屏风上或者桌面上，一抬头就能看到。	放在笔记本第一页，一打开笔记本就能看到。

第四章

情绪评价

　　能否正确评价情绪的起因、发展和结果，以及情绪问题中的相关责任人，决定着你是在情绪的泥潭中越陷越深，还是在情绪的洗礼后获得新生。而能否运用正确的思维方式，则决定着你能否进行正确的情绪评价。

　　在本章中，我们将介绍情绪评价的几种重要方法——情绪归因法、内观疗法、同理心法则、辩证法思维策略、加法思维，以及情绪代数学等。

情绪归因法的运用

——"为什么受伤的总是我"

> 不正确的情绪归因很难营造和谐的人际关系，它使个体常常成为别人躲避的对象，这样反而会使个体面临的问题更加严峻。

　　每次和阿梅在一起，没聊三分钟，就会被她的怨气笼罩。她总是抱怨环境太差、同事太差、上级太差，而她自己是才华与潜力兼备，却落得个英雄末路、虎落平阳、凄苦无奈……她经常挂在嘴边的话就是："如果不是别人给我设置了某种障碍，我一定会成功的。""如果不是天气的原因，我一定不会闯红灯的。""如果不是客户太挑剔，我一定不会发火的。""如果不是经理没布置清楚，我一定会干得很出色的。"看着身边许多同事在工作中如鱼得水、升职提薪，而自己却常常要在困难与痛苦中挣扎，阿梅心里最大的疑问就是："为什么受伤的总是我？"

　　在现实生活中，归因是一种十分普遍的心理现象。每个人对自己生活中所发生的事情及产生的结果都有自己的解释。案例中的阿梅同样对自己生活中所发生的事情、自己出现的情绪问题进行了归因分析。针对人们如何解释自己或他人的行为，以及这种解释如何影响人们的情绪、动机和行为，在心理学中形成了归因理论。海德是这一理论的创始人，他指出人们实施行为的原因可分为外部原因和内部原因，人们对自己和他人的行为进行归因也相应地大体分为两类：一是外归因，即情境归因；

二是内归因，即个性倾向归因。

当做出情境归因时，我们把行为、情绪的产生归因于某些情境或环境等外部力量，如环境所迫、他人素质太低、运气、机会、任务难易程度，等等。如"小丹吝啬是因为家庭负担太重了"。当做出个性倾向归因时，我们会把行为、情绪的产生归因于某些与个人相关的因素，如个人的性格、态度、意图、能力及努力程度，等等。

心理学分析认为，人们在进行情绪分析时常会表现出一种普遍的偏见：在对他人的情绪进行分析时，倾向于高估人格特质的影响，低估情境的影响；但在解释自己的情绪时，常常会给出情境归因——"我发脾气不是因为性格暴躁，而是因为环境太差！"当然，也有人在解释自己的情绪时，会给出个性倾向归因，但这种归因却往往扭曲现实，走向对自我的否定——"我真的是太没出息了，太没用了，怎么老是让自己生气呢？"正是这些偏见造成了个体在情绪分析之后反而会深陷于更严重的情绪问题，产生迁怒他人、怨天尤人等情形。

因此，掌握并运用正确的情绪分析法，是进行情绪分析和评估的前提与基础。心理学分析认为，在分析他人的情绪时，主要应运用合理的情境归因；在分析自身的情绪时，主要应运用合理的个性倾向归因；同时，还需遵循求真原则，综合运用情境归因与个性倾向归因分析法；做一个内控型的人；防止错误情绪分析，等等。

分析他人的情绪，主要应运用合理的情境归因

站在他人的立场上，对他人之所以会产生这样的情绪给予合理的情境归因，容易使分析者表现出一种宽容大度的胸怀，并有利于良好人际关系的形成。这里有个经典事例，讲的是管仲与鲍叔牙的故事。作为管仲的朋友，鲍叔牙将管仲合伙做生意时少出资多分红的事解释为："管仲家里十分困难，他比我更需要钱。"又将管仲在战场上贪生怕死的事解释为："管仲家里有 80 多岁的老母亲，他不能不忍辱活着以尽孝道。"还将管仲箭射齐桓公的事解释为："管仲对主子非常讲忠义，可以重用。"这一典型的情境归因成就了一代名相，也成就了一段千古友情佳话。

在现实生活中，妻子将丈夫偶尔的过失行为归因于情境："他出错是因为最近压力太大，我要想办法帮帮他才行。"这种想法不仅可以避免一场家庭纷争，而且还能获取丈夫的感激与钦佩，何乐而不为呢？

分析自身的情绪，主要应运用合理的个性倾向归因

当自身出现情绪问题时，将问题的产生归因于他人或外界环境是不正确的。辩证法告诉我们，"内因是事物发展变化的根本，外因必须通过内因才能起作用"。所有外界因素对个体自身的影响必须经由个体自身才能生效。因此，你才是自己情绪问题产生的真正根源。无论遭遇什么样的环境、面对什么样的问题，你都必须学会从自己身上寻找原因，抱怨和推脱没有任何意义。

通过细心观察，你就会发现，运用合理的个性倾向归因法，会使情绪分析者减少抱怨，增强责任感与积极进取的精神，从而比其他人更能有效地解决问题，而且对于这些人来说，问题不再是阻碍和累赘，反而成了通往成功的基石。

当然，情绪分析还需要运用灵活性原则。记得弗洛伊德说过一句话："适合于每个人的金钥匙并不存在，每个人都必须寻找能够拯救他的特定方式。"例如，丽丽时常为自己有着糟糕的情绪而苦恼，她觉得自己一无是处，实在太笨，没有什么尊严。这种归因现象虽然也运用了个性倾向归因，却是不正确、不合理的。针对丽丽的问题，她应该在进行分析时多从内在的不稳定因素（努力）归因，少从内在的稳定因素（能力）归因，

纠正总是认为自己能力低的归因偏差，以提高自信心。

遵循求真原则，综合运用情境归因与个性倾向归因分析法

上面我们提到在不同的情况下，应主要运用两种不同的情绪分析法中的一种，但这并不意味着只能片面地使用一种情绪分析法，而是应综合运用这两种方法，只不过要注意二者所占的比重有所不同。这便是求真原则所要求的内容。所谓求真原则，是指在进行情绪分析时要秉承客观与实事求是的态度；要注意内因与外因是相互关联、相辅相成的两个因素，二者缺一不可。作为情绪分析的方法，情境归因与个性倾向归因也应结合起来运用。

情绪分析的"内观疗法"

——你意识到自己的问题了吗

> 当你千方百计地把源自自己身上的问题强加到别人身上时，实际上是在加剧问题的恶化，无异于助纣为虐。

　　一场众人期待的话剧演出演砸了，剧院经理非常生气，他把剧组的工作人员都叫来，想弄清楚究竟是哪些方面出了问题。经理首先问导演："你的看法是什么？"

　　导演罗列了一大堆理由，如编剧设计的台词过于拗口、服装师迟到了十几分钟、灯光和美工人员没能按照要求工作、演员的表演还欠火候……

　　经理听了之后问道："那么作为该剧的导演，你的责任是什么呢？"

　　导演说："出现这样的问题与我完全无关……"

　　没等他说完，经理打断道："那么从今以后，这里再也没有你什么事了。"

　　假如你认真地留心观察过周围的人，或者是认真地分析过自己，你会很惊讶地发现，对于自身坏情绪的产生，或者是某一次挫折的发生，绝大部分人都有充分的理由相信，那不是自己的问题。当然，也有人认为自己确实存在不足，但那是次要的因素，而主要的原因则是，没有人给自己提供足以获得成功的条件、没有足够好的环境、没有足够多的支持，等等。

"为什么看见你弟兄眼中有刺，却不想自己眼中有梁木呢？"这句话很形象地刻画了人们对待问题的态度：我们自己身上切切实实地存在着或多或少的问题，但是却很难把探究问题根源的目光放到自己身上。越是没取得多大成就的人越认为自己无所不能，而且还要把自己无法获得成就的原因归结于外在的阻碍；相反，越是真正伟大的人越能意识到自己的缺点和不足。在问题面前首先从自己身上找原因，这正是一种高贵的品质。

我们每个人的手中都有两面镜子，一面是放大镜，一面是平面镜，无论是放大镜还是平面镜，都既可以用来观照自己，也可以用来观照别人，唯一的区别在于使用方法。善用者用放大镜观照别人的优点和自己的缺点，用平面镜观照自己的优点和别人的不足。而不善用者所使用的方法则刚好相反。不知反省自己，一味苛求别人是一种悲哀，是人性的通病，也是我们成功的阻力。

"这个世界并不缺少美，而是缺少发现美的眼睛。"有些人经常看不到别人身上的优点和长处，却对自己的缺点和不足选择视而不见。这是一种不健康的心理态度，只会让人感到痛苦。我们并不是十全十美的天才，别人也绝不都是问题存在的罪魁祸首。当需要澄清问题产生的原因和应该承担的责任时，我们需要的是理性、客观的态度，需要更多地从自我做起，对行动加以改善。

安妮的爱情马拉松给她带来了无尽的烦恼。安妮与乔相互爱慕，恋爱日久，然而安妮对他们能否走入婚姻殿堂有些拿不准，因为乔似乎疑心很重，总爱吃醋。每次她出差，乔都会在晚上给她打电话，如果她没接就一直打下去，之后便会质问她所有的细节。一次乔偶尔碰见安妮和一位男客户在一起吃饭，便极为恼火，回家后便和安妮吵了一架。

就在安妮准备和乔分手时，一个熟悉他们情况的朋友告诉她，也许是她在不知不觉中引发了乔的嫉妒心与占有欲。起初安妮不相信，但通过和朋友交流，她意识到有时候也许是自己出了问题，如有时她没能清楚地告知乔要到哪里去，以及要和谁在一起。有时她出差，没有很好地说明当时的情况，使得乔产生了嫉妒心理。如她提到一名男同事会和她一起去，却"忘记"补充说还有一名女同事也会和他们在一起。或者她在乔面前重复工作午餐时一位男性客户发表的有趣的言论，却没有提到一位女性客户也有精彩的发言。

安妮认真反思了自己在与乔的矛盾中应负的责任，并开始努力改善这段关系。这之后，安妮居然惊喜地发现乔并不是天生爱嫉妒的人。随着她的转变，乔越来越放松，变得容易相处了。

苛求他人不如反省自身。这是一条重要的进行情绪评估、情绪调控，以及协调人际关系的方法。古代哲人曾以"日三省吾身"来总结自己的问题，而近代日本也兴起一种心理治疗方法，即"内观疗法"，这是由日本人吉本伊信于1937年创造的，目前已与森田疗法并列成为日本独具特色的心理治疗方法。所谓内观，又称内省，就是观察自身、分析自我，纠正自己在人际交往中的不良态度，改善自己的人格特征。开展"内观疗法"，应对与自己有密切关系的人和事进行三方面的回顾，即人家为我做的；我为人家做的；给他人增加烦恼的。根据具体方法的不同，可分为"集体内观"和"分散内观"两大类。此外还有记录内观等方法。

集体内观是在一处安静的房间内实施的，此时将房间四周围以屏风，可以多人一起进行，大家面壁而坐，每人选择让自己舒适的姿势，除进食、睡眠和洗澡外，人们不得随意走动、谈笑或看书和手机，在与外界隔离的情况下，自己进行系统的回顾和反省。分散内观是在日常生活中进行治疗的方法，每周进行 1～2 次，也可每日进行 1 次，每次用时 1～2 小时，以最近发生的事为主。

结合"内观疗法"，反省自身的内容包括以下几个方面：

反省自己在一次情绪失控当中的所作所为，然后认真考虑几个问题：哪些是自己的问题造成的？自己在哪些方面可以进一步改善？发生在自己身上的问题有哪些可以避免？列出来，时刻记住它们，并想办法加以改善。

在全面、科学、客观地评估自己之后，再找朋友和关系较熟的同事来替你分析。如果别人的评估值比你的自我评估值更低，那就表明你把自己高估了，至少可以说明你对自己的评估不够客观，所以你必须虚心接受，以便及时提高自身的能力素质。

同理心法则

——"以牙还牙"与"将心比心"

> 面对矛盾与问题，对别人生气比理解他们会让大多数人感觉更好。然而这种行为却容易使人陷入"反射—惯性"的怪圈。培养与加强同理心，是走出这一怪圈的有效途径。

　　小刘平日里态度温和，与人相处较融洽。然而，他特别害怕遇到问题与矛盾，因为这意味着将会给他带来更多的问题与矛盾。例如，这几天在一项合同谈判上，小刘就遇到了点麻烦。本来这也许在其他人看来只是一件小事，然而小刘当下的反应却是失望、自我保护和愤怒，感觉自己吃亏了，并且开始责备谈判对手。这使得谈判对手也不高兴，矛盾自然加剧，最终合同谈判陷入了更大的僵局。其实小刘也意识到，出现这些问题的根本原因就在于：在他的内心深处，有一种极强的自我保护意识。因为他发现，他的情绪模式经常是，当他认为他的"对手"们根本没有听他说话的时候，他就开始寻找理由去贬低他们，把他们的重要性降到最低，而完全抛开了公正的立场。

　　在很多情况下，一个小小的矛盾之所以会酿成一个更大的矛盾，一个小小的情绪火花之所以会酿成一个更大的情绪危机，根本原因就在于当事双方所采取的这种"以牙还牙"的态度与行为。

　　面对矛盾与问题，许多人会选择以牙还牙、迁怒他人，而不是将心比心、理解对方，原因就在于前者比后者更加容易做到，而且可能会让当事人感觉更好。当事人心中的潜台词是：我被愚弄了，对方不欣赏我，不尊重我，我害怕对方会伤害我，所以我需要更深、更快、更多地伤害对方。这样的潜台词与冲动来自避免使他们成为受害者的内在动力。所以，他们被这种恐惧感驱使着采取行动，变得盛气凌人、自以为是。

然而，具有讽刺意味的是，正是这种态度与行为使他们成为受害者。因为这种态度会使他们更偏执地认为，对方试图愚弄他们，或者鄙视他们。为了让他们觉得自己是对的，他们还会不可避免地强化"我受到了攻击"的想法。

这种对自身所遇到的情绪问题的评析态度或行为，只会使当事人陷入一个奇特的循环或怪圈之中。在心理学中，这种现象又被称为"反射—惯性"。当事人的行为起初像是一种反射，而且它让他们感觉很好，于是他们就继续实施这种行为。这种不断加强的惯性是最大的挑战。当事人越是试图去保护自我、贬损他人，便越会使双方更加敌对，甚至变成拳击场上互相窥伺的拳击手。这样的状况，正应了一句俗话——让谁也下不了台阶。

如何走出这种怪圈？一个根本有效的解决途径就是：培养与加强同理心。

事情对人的影响总是同人的切身体验密不可分。常常有人指责对方："你是饱汉不知饿汉饥！"饱汉听了这样指责的话，心中肯定不爽快。事实是，饱汉的确不知道饥饿的痛苦滋味，饱汉并没有错，但是饿汉为何会怒气冲冲地指责饱汉呢？这就怪饱汉没有站在饿汉的立场上，用饿汉的心理去理解对方，从而引起了对方的怨气。

几乎所有的情绪问题都产生于人际关系之中，这就脱离不了一条基本的人际关系法则：心理认同。正是因为心理上的认同，让有的人拥有了温暖心房的友谊；而正是因为心理上的不认同，使有的人只能与他人冷冰冰地交往，这中间的差别是巨大的。

在心理学中，这种心理认同是同理心的一项重要内容。所谓同理心，简单地说，就是站在对方立场上进行思考的一种方式。如一件事情已经发生的时候，把自己当成别人，这个时候我们就很容易理解和接纳某种行为。通常，我们都有过某种类似的经历——如果你能进入这样的情境：自己深深地沉浸在对方的情绪状态中，自己完全能够感受到对方的心理感受，进而表达出自己对他的理解、关心和支持，那么，对方就会积极回应你，对你产生好感。这就是心理学中"同理心"原理所揭示的道理。

我们来看看下面这个案例。试想一下，如果故事中的人物换作是你，你会怎么做？

每至季末，商厦都会给营业额排名前 10 位的供货代理商以 8% ～ 14% 的返利，这是一个老规矩。通过这一方式，商厦可以留住做得最好的一线品牌，保住商厦利润的大头。至于返利率是 14% 的上限，还是 8% 的下限，则须商厦副总以上的管理者签字，这一规矩商厦的财务人员小安是知道的。

然而，这次在小安按 11.8% 返利给女装部的第一名之后，负责服装部的刘副总却大发雷霆，他打电话给小安道："我记得给女装的返利率是 9.2%，我还签过字的，你不知道多返利的部分，是要责任人自掏腰包赔偿的吗？"小安听了，当时吓出一身冷汗。

她记得，上半年的返利率确实是 9.2%，但后来也是刘副总通知她，把返利率提高到 11.8%，她上次结账也是按照 11.8% 给付的，刘副总并无异议呀。小安定了定神，打电话给供货商，问有无保存与商厦高层所签协议的底根，对方马上说："你别急，我有，我马上过来把事情说清楚。"

结果，是刘副总在自己签署的一份协议上明明白白地写着：为鼓励女装部成为创利增长点，特将销售冠军的返利率提高至11.8%。这份协议救了小安。

惊险一幕虽然过去了，但事情远没有结束。事后，如果小安这样猜测：我是否在哪里得罪过领导，使他设了这样一个"套"给我钻？又或者充满怨气地想：是领导自己没搞清楚，反而把气撒在我头上。那么，作为下属的小安就会对这位领导产生怨言，久而久之，怨气日深，小安和领导自然无法一起共事。但是，如果小安按照"同理心"的原理与要求来评析与应对与领导之间的这种麻烦，怨气便不会存在了。

肯尼迪·古迪在《怎样让人们变成黄金》一书中写了这样一段话："停下来，用数秒钟的时间比较一下，你是如何关心自己的事情和关心他人的事情的，然后你就会理解，别人也和你一样。而你一旦掌握了这个诀窍，就会像罗斯福和林肯一样，拥有了做任何事的坚实基础。换言之，和别人相处的关系怎样，完全取决于你在多大程度上替别人着想了。"

"同理心法则"作为心理学中的一条重要法则，不仅体现了人际交往、为人处世的生活智慧，也成了情绪调控中不可或缺的能力与技巧的依据，它可以使当事人"将心比心"地去评析问题，并有效地解决问题，从而保持良好的心态与和谐的人际关系。

辩证法策略并不鼓励找到逻辑上的绝对真理，而是要求认识到"非此即彼"和"亦此亦彼"的统一，是以"既／而又"替代"或／或者"的思维方式。

辩证法策略

——"非此即彼"与"亦此亦彼"

走进心理咨询室的王女士向心理咨询师倾诉道："我真的很想让我的女儿回到我的身边，我觉得没有人能够理解我。没有女儿我真的不知道自己如何过下去。我非常痛苦，整晚失眠。"

心理咨询师深入了解了王女士的情况后，这样劝解王女士："女儿不能陪伴在你的身边确实是件令人痛苦的事情。可是你有没有想过，也许暂时不能与女儿住在一起是件好事呢。这样，你可以有更多的时间参加定期的体育锻炼、社交活动、社会心理技能训练，有更多的时间可以做你自己喜欢的事情。同时，你也有更多的精力照顾你的小儿子，他同样需要你的关心和照顾。"

心理咨询师讲这番话的目的是让王女士学会从逆境中发现有利因素，将"坏事变成好事"，以调整自己的悲观情绪，这是一种典型的辩证思维方法，这种思维方法同样适合于进行情绪评析。

辩证思维方法是一种不同于"非此即彼"的思维方式，除了"非此即彼"，它又在恰当的地方承认"亦此亦彼"，并使对立通过中介相联系。宇宙间的每一个具体事物都因自己特殊的质的规定性而同其他事物区别开来，如这是松树而不是柳树，这是月季花而不是牡丹花，等等。就此而言，"非此即彼"是成立的。但是，世界是普遍联系之网，每一个具体事物都同若干个具体事物相联系，并确定自己的多重性质。例如，脊椎动物和无脊椎动物之间的界线并不是固定的，鱼和两栖动物之间的界线也是一样，鸟和爬行动物之间的界线正日益消失。世界是普遍联系的，没有什么事物是绝对孤立的。正是因为事物之间的这种普遍联系性与相互转化的规律，老子说："祸兮福所倚，福兮祸所伏。"无论是福为主还是祸为主，都是亦福亦祸。

辩证法策略是遵循客观世界发展规律的方法与策略，它并不鼓励找到逻辑上的绝对真理，而是要求认识到"非此即彼"和"亦此亦彼"的统一，是以"既／而又"替代"或／或者"的思维方式。

在进行情绪评析时，运用辩证法策略与运用非辩证法策略将会收到完全不同的效果。非辩证法策略只会使情绪评析人陷入极端、偏激的情绪之中，从而无益于情绪的调控；而辩证法策略则能使情绪评析人全面、客观、冷静、多角度地洞察情绪发展的来龙去脉以及利害得失，从而能有效地促进情绪事件的解决与良好心态的形成。

例如，一位男性朋友每想到自己在要求与女朋友发生亲密关系时大都会被拒绝，就会非常恼怒。他的思维方式是："如果我的女朋友爱我的话，她必须愿意在我请求时跟我发生亲密关系。"这便是一种非辩证法的思维方式，即"非此即彼"，"或者……或者……，两者必居其一"。而如果他用辩证法的策略来看待这一事情，就会明白他的女朋友可以很爱他，但同时也可以不按他的要求与他发生亲密关系。这是一种"既／而又"的思维方式，可以避免让他陷入极端、刻板的思想中，并且以一种宽容、豁达的态度坦然应对这一事情。

事物本身有好有坏，而我们的情绪往往取决于我们的注意力对准了事物的哪一面，对准好的一面令人欢欣，对准坏的一面令人沮丧。正如安东尼·罗宾所说："注意力会影响我们对于事实的认知，因而我们应当好好控制自己的注意力，免得不小心而被戏弄了。"要想控制注意力，就需要避免将注意力仅仅放在一个方面，却忽视了另一个方面。

当你评价一个人时，你的注意力不应当仅仅放在去寻找讨厌的理由上，还应当放在去寻找正面肯定的理由上。同样是对方的一句话，在寻找讨厌的理由时，这句话就是坏话，是对方没安好心；在寻找正面肯定的理由时，这句话就是好话，是对方的肺腑之言。评析差别如此之大，根源就在一个点上，这个点就是你的注意力。所以，进行评析时必须要将你的注意力放在两个方面，并在合适的时间关注好的、积极的方面。

当你与身边的人发生争执而情绪不佳时，你可以转而回想他的优点和你们过去愉快相处的经历，你就会渐渐地平息怒气，从而改变自己消极的心境。

辩证法所揭示的事物两面性的特点证明了"允执其中"的中庸之道。在情绪评析与情绪调控的过程中，应注意保持各方面在动态中的均衡，处顺境时思危机，遇逆境时见光明，心情亢奋时提醒自己要冷静，心情郁闷时为自己输送积极信号，由此可实现心灵的宁静与安详。自我安慰的方法被许多人认为是"吃不到葡萄说葡萄酸"的消极方法，但事实上，这种方法有助于我们达到"允执其中"，保持心理上的平衡。

我们所经历的每一种情绪、每一件事情都可从多方面来评析。如果我们能够不偏执于其中一个方面，而从两方面、多方面来考虑问题，许多问题就不能成为困扰我们的理由。

据说有一次罗斯福总统家里失窃，被偷走了许多东西，一位朋友知道后，忙写信安慰他。罗斯福在回信中写道："亲爱的

朋友，谢谢你来信安慰我，我现在很好，感谢上帝：因为第一，
贼偷去的是我的东西，而没有伤害我的生命；第二，贼只偷去
我部分东西，而不是全部；第三，最值得庆幸的是，做贼的是他，
而不是我。"

看来，被大多数人视为不幸之事的被盗，也是可以具有正面意义
的——不能阻挡心灵继续寻找快乐。其中的关键就在于，我们以什么样
的思维方式与心态来看待这件事情。

我们对经验贴上的各类标签以及对这些标签所下的评断，很可能是造成不满意结局的主因。

走出偏见的误区

——都是"偏见惹的祸"

1981 年，心理学家 Brewer 和 Treyens 曾就"我们大脑中的先验假设能够对我们的日常推理造成多大的影响"做过一个实验。实验者召集了一些人，告知他们将会参加一项学术研究计划。实验者先带领他们来到一间办公室，让他们稍加等候，一段时间之后再叫他们出来，并询问他们是否记得办公室里面有哪些东西。许多人表示并没有怎么注意，但当让他们进行选择时，他们均选择了"书"，然而实际上办公室里面根本没有书。

这一实验表明：当我们的直接记忆并不深刻或者当我们等候时并没有刻意留心屋子内的摆设和物品时，我们通常会依靠之前生活中积累出来的先验假设进行推理。学术研究机构的办公室里最应该看到的东西是书。然而当被试者没有刻意留意时，便会想当然地依据经验或固定的常识来进行推断。

这些先验假设往往会形成一种心理定势。所谓心理定势指的是一个人在一定时间内所形成的一种具有一定倾向性的心理趋势，即一个人在其先验假设或过去已有经验的影响下，心理上通常会处于一种准备的状态，从而使其认识问题、解决问题带有一定的倾向性与专注性。

　　当这种心理定势应用于判断与分析某种对象时，便不可避免地会形成"偏见"，从而使我们忽视存在的多种可能性，而对自己所推断的唯一的可能性过分信任，从而形成不公正的评价与失实的推断。

　　这种结果被美国著名心理学家桑戴克称为"晕轮效应"，即受心理定势等的影响，人们的认知与判断往往只从局部或表象出发，经扩散而得出整体印象，即常常以偏概全，形成认识或判断误差。这种效应犹如大风前的月晕逐步扩散，形成一个更大的光环，因此，晕轮效应也被称为光环效应。

　　我们所熟知的"智子疑邻"的故事便是这一效应的典型。农夫家丢失了一把斧头，便怀疑是邻居的儿子偷去的。于是，他觉得邻居家儿子无论是走路的样子、脸上的表情，还是言行举止都像是一个不折不扣的贼。后来，农夫在自己家找到了丢失的斧头，再看邻居家的儿子，竟觉得他没有一点儿像小偷了，连农夫自己也觉得很奇怪。这反映了心理定势对人的思维结果的巨大影响力。

　　想一想在我们的生活中，有多少误解、矛盾是由于偏见、心理定势的思维以及自以为是的误读所导致的？

　　一位年轻小伙子要结婚了，他跟未婚妻商量："能否一切从简，三金都免了？"未婚妻回答这是当地的风俗，结婚最好要有三金（金项链、金戒指、金耳环）。老丈人就更不同意了，坚持要男方再给1万元礼钱。最后，没办法，小伙子东挪西借把东西弄齐了，婚礼上，老丈人也给新郎发了一个红包，然而小伙子却憋着一肚子气，接过红包后终于没按捺住，将红包撕了扔在地上。后来大家纷纷劝他别这样，毕竟是大喜的日子。好不容易安抚下来，有人就说，你把红包捡起来吧，看看到底给你多少钱。结果他捡起来一看，里面有一张存折，上面显示有10 万元余额。

原来老丈人并不是想要从男方家捞什么钱，只不过就是认为应该遵从当地风俗，否则女儿嫁得太不风光了，仅此而已。

故事中的这位小伙子并没有去了解老丈人的真正意图，而是依据自己的理解去推断，由此引发了一连串情绪化的反应与冲动的行为。这不能不说是"偏见惹的祸"。

心理学理论将通常出现的偏见归结为以下几类：

◎ 证实偏见。它指的是这样一种倾向：人们总是被表面的现象所迷惑，从而顺着自己的思路去寻找那些能证明他们的理论或判断的信息，而不是反驳这些理论或判断的信息。

◎ 后见偏见。也称事后聪明。这种偏见让人们觉得过去的事情的结果正同他们原来所期望的一样。

◎ 聚集性幻觉。人们会对实际上不存在的规律产生错觉。托马斯·季洛维奇的研究指出，人们常常会在给出的随机数列中找到实际上并不存在的规律，尽管这种思维对我们发现客观规律来说是必要的，但它常常能带来麻烦。

◎ 近因效应。近因效应是心理学家洛钦斯在其所做的实验中发现的，指的是如果在给人先后提供两种信息时，中间有稍长的间隔，则近期了解的信息往往占优势，会掩盖之前的一贯了解。研究还表明，参与者更容易记住一张表最后的信息，而不是中间的或综合的信息。

◎ 锚定偏见。这同样是一种重要的心理现象，指的是最初的信息引导而形成的最初的信念，会在人们做判断或评析问题的时候占据极大比重，从而使人无法将新信息融合在自己的思想里，即使面对新信息也倾向于坚持最初的想法。

◎ 过度自信偏见。指的是过于坚持己见，以自己的意愿代替客观事物发展的规律，当客观环境发生变化时，也不肯更改自己的目的和计划，盲目行动，一概拒绝他人的意见或建议，是缺乏自觉性和意志薄弱的表现。

偏见在我们解决包括情绪问题在内的所有问题中都起到了很大的作用，并且很多时候是不好的影响。许多偏见会将我们的思维导向错误的轨道，并影响我们做出决定与解决问题。因此，进行有效的情绪评析与情绪调控，需要努力克服偏见。

知识专栏

减少偏见的方法

尽管偏见很难完全消除，但可以减少。我们可以从以下几个方面入手：

◎ 凡事不应为已有的框架与既有的判断所限制，扩大并发散思维，培养变通能力，多角度看问题，并做到完全以事实说话，以"眼见为实"核实"偏听之词"。

◎ 学会精心观察，获取尽可能多的信息，切忌以点带面、以偏概全。

◎ 想到多种可能性，经常提醒自己："这只是一种解释（可能），未必是唯一的解释（可能）。"

◎ 切忌"以貌取人"，避免被表面印象与表面现象所迷惑，同时，避免戴着有色眼镜看问题。

◎ 将心比心，进行心理换位。从情感上体会心理定势与偏见的危害，多站在对方的立场看待问题，理智地消除对对方的偏见。

◎ 正确认识自己。要正确对待自己的习惯和经验，切不可认为它们都是对的，要时时以实践来检验，特别重要的是：不能以一时一地的经验来推而广之。

◎ 加强学习，开阔视野，多积累知识，和具有不同知识背景的人讨论，弥补因个人经验知识的局限性所导致的偏差。

当你能够运用"加法思维"从遗憾中看到收获，从挫折中体验乐悦，从苦难中经历成长，将失去的东西转化为你所能拥有的东西时，你将成为心智上的巨人与生活中的强者。

加法思维修炼

——经历、体验与成长

有一位年轻人，在大学即将毕业时报考了研究所，同时找到了一份较为理想的工作。然而，命运之神并没有一直青睐他，他后来没有考上研究所，也丢了这份工作，连女朋友也跟他提出了分手。遭遇如此挫折的他从此变得一蹶不振，心灰意懒。

一日，在一位朋友的劝说下，他走进了心理咨询室。他向心理咨询师忧愁地说道："我没考上研究所，工作也没了，女朋友也离我而去，我现在一无所有！"在听完年轻人的倾诉之后，咨询师微笑着询问了他几个问题：

"怎么会一无所有呢？想一想，五年前，你有大学文凭吗？""是啊，与五年前的你相比，你现在多了一张名牌大学的文凭啊！"

"五年前的你，有一技之长吗？""对啊，与五年前的你相比，你现在有了一定的工作实力与社会基础，比起五年前好多了！"

"五年前的你，有女朋友吗？""所以，与五年前的你相比，你多了一次宝贵的感情经历与人生体验，而且，你还在大学里交到了知心朋友，积累了许多人脉资源。与五年前相比，你已经很富有了啊！"

接着，咨询师高兴地对他说："你看，这些年你虽然失去了一些东西，但得到了更多，在你的生命中，多了许多原本并不存在的东西！这些都是你宝贵的财富，你应该高兴才是啊！"

咨询师的一席话，让年轻人茅塞顿开，心情也变得晴朗起来。

每个人的生活其实并不由客观环境来决定，而是由自己来决定的。你看待问题的方式决定了你的心情指数与生活状况。正如英国作家萨克雷所说："生活好比一面镜子，你对它笑，它就笑；你对它哭，它就哭！"因此，当你将注意力的焦点定格在自己所"失去"的东西上，自己所经历的不幸、压力、烦恼上时，你的天空便是灰暗无光的；而当你换一种思维，将注意力的焦点定格在自己所"拥有"的东西上时，你便会收获许多意想不到的惊喜与感动。

得到即失去，失去即得到。赢取良好心态的关键就在于运用"加法思维"，多看自己所得到的，少看自己所错失的。当你评价你的生活，评估你的情绪经历时，如果能够运用"加法思维"，你会发现你的每一次不愉快的情绪经历，都是一种宝贵的人生体验，它们丰富了你的人生经历，引发你思考，促进你成长。

在心理学中，"加法思维"是一种极受提倡的思维方式，它有利于人们形成正向的思维，保持开朗明快的心境与情绪，促进问题的顺利解决。日本人春山茂雄曾写过一部名为《脑内革命》的畅销书，该书的主要论点便是要求人们进行加法思维，如今天你被老板大骂一通，那么你应该这样想：老板是信任我的忍耐力和精神修养的；老板是重视我的行为的。与加法思维相反的是减法思维或负性思维，同样是挨骂，有的人马上便会精神萎靡、忧心忡忡，觉得老板是左右看我不顺眼，他这样做是贬损了我的价值，我真该和老板干一番……

研究发现，运用加法思维时，脑内会分泌出有利于人身心的荷尔蒙——脑内吗啡，帮助人们迅速摆脱痛苦，使人们心情舒畅，处于最佳的精神状态。而在运用减法思维时，脑内则会分泌出有害于人身心的毒性荷尔蒙，破坏人们的身心健康。

加法思维要求人们多从积极乐观的角度看待自己所拥有的东西，即使在面临不幸、烦恼、压力等不良情绪经历时，也要从另一个角度体验其带给自己的成长与历练。虽然加法思维与减法思维截然不同，但加法思维其实内在地包容着减法思维，其辩证理念就在于：用加法来构建积极乐观的态度，强化正态效应，去享受生活中的种种好处；用加法去面对生活中的种种不如意，消除或减少消极、悲观、埋怨的情绪，淡化消极因素。

举例来说，岁月的流逝必然会带走许多东西，同时也会给我们增加许多东西。运用减法思维的人会说："我们又少活一年，惨啊！"运用加法思维的人会说："我们又多活了一年，太好了！"如此一对比，运用减法思维会让人的一生充满危机与压力，而运用加法思维则会让人的一生充满知足与欢乐。

再比如，一个人一生都在运用减法思维，当他 20 岁时，他说："我失去了童年。"当他 30 岁时，他说："我失去了浪漫。"当他 40 岁时，他说："我失去了青春。"当他 50 岁时，他说："我失去了幻想。"当他 60 岁时，他说："我失去了健康。"试想，如果运用加法思维，他将拥有不同的看法与心态。当他 20 岁时，完全可以去想自己正拥有令人羡慕的青春；当他 30 岁时，完全可以因自己所拥有的才干而自豪；当他 40 岁时，完全可以认为自己收获了成熟的人格魅力；当他 50 岁时，完全可以因有着丰富的人生经历而感到富有；当他 60 岁时，完全可以因儿孙绕膝而拥有快乐。

记得心理学家米切尔·霍德斯曾经说过："我们周边的环境从本质上说是中性的，是我们给它们加上了或积极或消极的价值，问题的关键是你倾向选择哪一种。""加法思维"便是你分析问题、解决问题时应当选择的思维方式，也是你从平凡的生活经历中获取积极的体验与幸福的关键。当然，形成加法思维并不能靠一日之功，它需要你有意识并持之以恒地进行修炼。

> 情绪代数学可以帮助你有计划、有意识地采取行动，评估各种选择的结果，从而做出最佳选择。这项能力是决定我们能否有效选择情绪的关键。

情绪代数学

——行动前的利益权衡

梁女士想要求公司老板提升她为部门经理，但又怕遭到拒绝。为难之际，她找到了与她关系较好的朋友。这位朋友是一位心理咨询师。见面后，梁女士告诉了朋友自己的想法，并说："我有些犹豫，不知能否提出我的这个要求。"

"没有什么不能的。但是在你提出自己的要求之前，你是否对你的这个要求进行过一些分析判断？首先，你要对自己的能力进行一个合理的评估；还要考虑现在提出的时间是否恰当；另外，还要权衡你的要求是不是在维护你的个人权益，是不是能保持你和老板之间的关系；你的要求是不是对公司和你个人都有利；你的要求是不是符合你的长期个人目标；当你提出这个要求时，会不会有失你的自尊；你在提出要求之前有没有做好业务和心理准备。"

通过朋友的分析与指导，梁女士承认现在向老板提出这个要求的时机还不够成熟。于是，她决定暂时放弃这个想法，以免增加自己的心理负担。

缺少计划与评估的行动是不成熟的行动，而不成熟的行动常常成为引发情绪的根源。仔细分析一下，你所陷入的情绪困境有多少是由于没有事先经过冷静的思考与制订详细的计划而造成的？真正分析之后，你所得出的答案可能会使你惊讶，因为我们很少将行动前的利益权衡与情绪直接联系在一起，而一旦联系在一起，你会发现缺少行动前的利益权衡会使我们陷入失落、懊悔、痛苦、冲动、烦恼等一系列的情绪深渊之中。

正是基于这一原因，心理学家乔舒瓦·弗理德曼提出"情绪代数学"的方法，即在行动之前或做出选择之前，运用因果思维法，权衡这个行动或选择存在的收益与代价，以及可能带来的各种情绪及其强度。在综合考虑与权衡之后，再做出你的最终决定。例如，你希望向你的上司提出加薪的请求，此时，你可以运用情绪代数学的方法来进行分析权衡，如表 4-1 所示。

表 4-1　情绪代数学的方法

困难的选择： 向你的上司提出希望加薪的请求			
可能的收益： 证明老板的认可 增加自己的收入 获得家人的认可 送孩子出国留学		可能的代价： 老板可能拒绝 老板认为我只关心钱 我和老板的关系可能变得很尴尬	
情绪	强度（分）	情绪	强度（分）
成就感	5	难堪	8
认同感	8	尴尬	5
自豪感	8	无辜	8
快乐感	6	失望	3
愉悦感	5	烦躁	2
总分	32		26

这样一张"情绪代数学"的表在实际应用的过程中，包含了以下几个步骤：

　　第一步，将你在近期遇到的艰难选择写下来，填入表中。

　　第二步，从你的切身利益以及多种可能性来考虑，这个选择存在的收益与代价有哪些？依次罗列，填入表中。

　　第三步，思考这些收益与代价分别会给你带来怎样的情绪？这一步需要你真正探询内心深处的感受。将你的答案填入表中。

　　第四步，为你所罗列的这些情绪的强度评分。分值在1分与10分之间。

　　第五步，将收益与代价这两部分的分值总结出来。

　　第六步，将收益的分值与代价的分值进行比较。基于比较结果，思考你应当做出的选择与行动。

　　将情绪代数学作为利用我们的感受或情绪来辅助思考与决策的工具，可以帮助你理清做出决策的思路，让我们检视与预测做出选择之后的可能结果，并分析其因果关系，从而避免被情绪绑架，以便有意识地、主动地采取相关行动，而非盲目地采取行动、被动地接受行动之后的结果。

第五章

情绪品质

从最根本的层面来说，什么是主导情绪的最根本因素？不是外界客观因素，也不是你的仇人，而是你自身的观念系统。

一个人的观念系统是情绪产生的本源。

不合理的观念系统是各种负性情绪产生的源头。因此，提升一个人的情商，最为关键与根本的便是改善其观念系统。

当然，改变一个人不合理的观念系统并非易事。主要原因在于，大多数人拥有这些观念而不自知，或不承认其不合理，摆出大量的理由为这些观念辩护，或者找不到改变这些观念的方法。这是常见的现象。

本章将阐释如何质疑自身的不合理观念，如何克服人类身上常有的几种有着重大危害的不合理观念，以及如何强化健康的合理观念。

情绪的困扰，是由于人的一些不合理的信念作祟而产生的，这些不合理的信念持续越久，越会引起情绪障碍。

合理情绪疗法

——质疑你的信念

同事 A 和同事 B 一起在街上闲逛，迎面碰到了他们的领导 C。但领导只是径直走了过去，而没有与他们打招呼。此时，同事 A 心想："他可能正在想别的事情，没有注意到我们。即使是看到我们而没理睬，也可能是由于别的什么特殊的原因。"而同事 B 则有不同的想法："是不是领导对我有意见了？上次顶撞了他一句，现在居然不理我了，下一步会不会故意找我的碴儿啊？"

于是，有着不同想法的同事 A 与同事 B 在分开之后，有了不同的心理情绪。同事 A 依然高高兴兴，心态平和地做着自己该做的事情；而同事 B 则开始忧心忡忡，一度无法让自己冷静下来。

这个简单的例子表现了人们对事物的看法、想法与人的情绪及行为反应之间的紧密联系，也由此阐明了理解情绪的核心要义：一个人的情绪主要植根于他的信念以及他对生活情境的评价与解释。

正是基于这一点，美国心理学家艾里斯提出了"情绪 ABC 理论"，这一理论将认知因素、信念系统对情绪产生的作用进行了更为简洁与深刻的描述。其理论模型可由图 5-1 来表示。

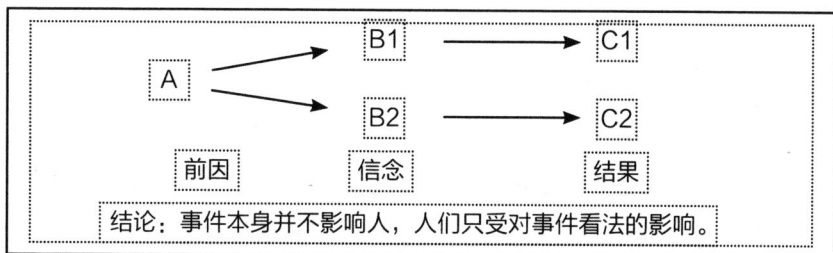

图 5-1　情绪 ABC 理论模型

艾里斯认为，一个人持有的信念决定其面对问题时的处理方式与情绪应对方式。合理的信念会引起人们对于事物的适当、适度的情绪和行为反应；而不合理的信念则相反，往往会导致不适当的情绪和行为反应。当人们坚持某些不合理的信念，长期处于不良的情绪状态之中时，最终将导致情绪障碍的产生。

基于此，艾里斯提出了"合理情绪疗法"，其主要目标是：使人们认识到情绪产生的根源在于不合理的信念，通过改变不合理的信念，建构合理的信念，帮助人们摆脱情绪的困扰，构建积极健康的生活方式。

"合理情绪疗法"的操作模式如下：

第一步：静下心来，找出使自己陷入异常情绪、不健康负性情绪的诱发事件。例如当众讲话、人际关系、升职压力、经济困境等。

第二步：深入分析这些诱发事件产生的"信念"原因，即自己对诱发事件所秉持的看法、观点、解释、评价等。理智地审视这些信念，并且挖掘这些信念与所产生的负性情绪之间的关系。真正认识到自己情绪产生的根源在于自身存在的不合理的信念，只有改变这种不合理的信念才能从根本上消除不良的负性情绪。

第三步：通过各种途径寻求与自身这种不合理的信念相对应的合理信念。将两者进行对比，通过扩展自己的思维角度、进行内心辩论、与他人讨论、实际验证等方式，真正认识到自己所秉持的不合理信念的缺陷，以及相应的合理信念的有效性，从而转变思维方式，用合理信念取代自身的不合理信念。

第四步：采取行动巩固刚刚形成的合理信念。行动所带来的积极效果，将会促进合理信念的最终构建与轻松愉快情绪的形成，并最终促使自身建立起合理的思维方式，摆脱不良情绪的困扰及避免其再次发生。

在实践"合理情绪疗法"的四步过程中，认识到自身的不合理信念是一个关键步骤。通常很多人很难意识到自身的不合理信念，即使意识到也无法准确地加以认识与理解，这必然会影响"合理情绪疗法"的效果。那么，如何认识不合理信念，不合理信念又究竟包括哪些呢？

心理学家默兹比提出 5 条区分合理与不合理信念的标准（它们常常和合理信念混在一起而不易被察觉）：

◎ 合理信念大多是基于一些已知的客观事实，而不合理信念则包含更多的臆测成分；

◎ 合理信念能使人们保护自己，使自己愉快地生活，不合理信念则会让人产生情绪困扰；

◎ 合理信念使人更快地达到自己的目标，不合理信念则使人为难于达成现实目标而苦恼；

◎ 合理信念可使人不介入他人的麻烦，不合理信念则难于做到这一点；

◎ 合理信念可阻止或很快消除情绪冲突，不合理信念则会使情绪困扰持续相当长的时间，从而造成不适当的反应。

综合心理学家对不合理信念的分析，可将人类常有的不合理信念归纳成表 5-1 所示的内容。

表 5-1　人类常有的不合理信念

不合理信念	具体表现	举例
1. 绝对化要求	以自己的意愿为出发点，对某一事物怀有认为其必定会发生或不会发生的信念，它通常与"必须""应该""务必"等字眼联系在一起	一位医生有急事晚来了几分钟，病人心想："他不应该这么以自我为中心，他应该快一些。"
2. 灾难化信念	认为一件不好的事发生了，将是非常可怕、糟糕的，甚至是一场灾难，从而担心、恐惧、悲观、抑郁、羞耻、自责	"完不成这项任务是一件可怕至极的事情。"
3. 贬低性信念	对某个复杂整体，如自我或他人、生活环境所给予的静态、简单化的整体负性评价	"我是一个失败者。""他一直都是一个不诚实的人。"
4. 极端化信念	以绝对的黑白、对错来看待一件事情；完美主义	成绩一直优异的学生 A 在遭遇了一次考试失利之后说道："现在我算是全输了。"
5. 过分概括化信念	以偏概全、以一概十。自己做错了一件事便认为自己一无是处，他人稍有不对便认为对方坏透了，责怪他人	害羞的小伙子鼓足勇气约心仪已久的女孩，在遭到拒绝后痛苦地想："我太没用了，没有女孩愿意和我约会，我再也不约女孩了。我总是这么不幸。"
6. 夸大与缩小	要么不合比例地夸大事情，要么不合比例地缩小事情	"天哪，我做了一件错事，我的名声全毁了！""我没有优点，全是缺点。"

不合理信念	具体表现	举例
7. 消极推测	主观臆断他人心理，给予消极的、负性的结论，并对此深信不疑	给一朋友打电话，听其声音不太热情，就想："她肯定是对我有意见了，我做错什么了？"
8. 先知错误	总担心某些事情要发生，然后将这些担心当作一个事实，尽管这并不是真实的	一位身患疾病的人在焦虑时反复对自己说："我快要死了，简直要疯了。"
9. 情绪推理	把自己的情绪当作真理的证据，即所谓的"跟着感觉走"	"我感到极度的无望，所以我的问题肯定解决不了。""我没心情做事，所以我最好躺在床上。"
10. 归己化	把自己视为外界许多消极事件的诱因，事实上你不应该为这些事负主要责任	"我真是一个没用的人。没能帮到她是我的错。让她好起来是我的责任。"

表 5-1 中的这 10 种不合理信念是导致各种非健康负性情绪产生的主要根源。仔细研究这张表，掌握这些概念，并时常与你自身的实际情况相结合，将有助于达成"合理情绪疗法"的功效，同时也将会使你终身受益。

克服完美主义

——荒谬的"必须""应当"标准

当你的情绪和行为都发生障碍时，想想看，你是否有意识或潜意识地存在一些"一定"的信念。你可能坚持自己的期望一定要被满足。

在参加完朋友的婚礼后，吴女士显露出一脸的沮丧。旁边的一位朋友问她，是不是身体不舒服。吴女士摇摇头，回答说："不是，来时由于时间匆忙，把笔记本丢在出租车上了。"朋友问："笔记本里有什么重要的东西吗？"吴女士说："没什么重要的东西，是我平常的一些学习笔记。"朋友听后劝慰道："既然没有重要的东西，丢了也就无所谓了。别想这件事了。"然而，吴女士却突然情绪激动，大声反驳道："没有重要的东西也不该丢啊。按道理讲，我应该拿好它的，怎么能随便丢了呢？下车又不拿发票，找都没法找，我真是一个健忘的人，这些都是不该犯的错误啊！"

吴女士的情绪反应表明了她是一位完美主义者。在她的脑子里，充满了"应该""应当""必须"等强求性的字眼，因而凡事苛求完美，不容许自己有差错。当她做得正确时，她会认为这是应该的；而一旦出现了错误，便会感觉到不应该，从而出现比其他人更多的自责与焦虑情绪。

完美主义者通常有着极强的绝对化要求的信念，这些要求通常是没有弹性的、僵硬的、专制而武断的，如以下这些说法：

　　"我一定要表现杰出！我的人生一定要顺遂！"

　　"我一定要受到别人公平的对待！"

　　"这些不好的状况和事情根本不应该发生在我的身上！"

　　"因为我希望在重要的目标上成功，得到别人的认同，所以无论如何我都要达到这个目标。"

　　"如果没有达成最重要的目标，就算实现了其他一些小目标，我也不会高兴！"

　　这些绝对化的要求是不合理的。我们可以来分析一下：绝对化的要求其实由两种成分构成——灵活的"部分希望"成分以及僵化的"要求"成分。

　　举例来说："我必须把这件事情做好"（绝对化的要求）＝"我希望把这件事情做好"（灵活的"部分希望"成分）＋"因此我必须做好"（僵化的"要求"成分）。

　　"部分希望"的陈述仅仅代表了什么是我想要的，它并不能按逻辑导致"必须"这样的"要求"成分。而绝对化要求的不合理之处就在于，它尝试从某个灵活的事物中推断出一个僵化的结论，而从逻辑的角度来说这是完全不可行的。

　　这种不合逻辑的绝对化要求常常会使人们产生思维扭曲，如不能正确评估事件及其所产生的影响。当遇到负性诱发事件时，这通常会成为非健康负性情绪，如焦虑、抑郁、内疚、羞耻、受伤、不健康的愤怒、嫉妒等产生的根源，并进一步使人做出毫无建设性的行为，如紧张、退缩、报复、不作为、强迫作为等。

　　华伦达曾是美国著名的高空走钢索表演者。1978 年，在一次重大的表演中，他不幸失足身亡。这一不幸事件的发生不能不说是受到了华伦达绝对化要求思想的影响。他的妻子事后说："我知道这次一定要出事。由于这次表演会有一个重要人物到场，他在上场前就不停地唠叨着这次表演太重要了，不能失败，绝不能失败！而以前每次成功的表演，他只想着走钢索这件事本身，不去管这件事可能带来的一切结果。"这种要求自己"必须成功"的心态给华伦达带来了巨大的心理压力，并直接导致表演中惨剧的发生。

　　后来，心理学家把这种现象称作"华伦达心态"，表明目的性越强，越不容易成功。正如一位杰出的精神病学家所说："各种所谓的'应该''必须'，必然给人造成精神压力，越是努力遵照这些要求与标准行事，所受到的压力也就越大。"这也说明了绝对化要求对人的心理、情绪、行为所造成的负面影响。

　　克服这种绝对化要求的心理与追求完美的心态，需要用"合宜的热切希望"来取代这种"要求"的信念。合宜的希望和期待不同于强求，它是希望、想要和欲望，是有弹性的、不武断的、不绝对的。例如："我很希望达成重要的目标（如人际关系、身体状况、工作和运动等方面），赢得别人的认同，但我不一定就能达到这样的目标。"

　　"合宜的热切希望"也由两部分构成，但它的构成部分是——灵活的"部分希望"成分以及灵活的"对要求否定"成分。

　　　举例来说："我希望把这件事情做好，但我并不非得做好"（合宜的热切希望）＝"我希望把这件事情做好"（灵活的"部分希望"成分）＋"但我并不非得做好"（灵活的"对要求否定"成分）。

　　"部分希望"成分是灵活的，"对要求否定"成分也是灵活的。"合宜的热切希望"将两个灵活的事物联结在一起，逻辑上是合理的。

　　以"合宜的热切希望"替代"绝对化要求"，并真正实践"合宜的热切希望"，关键在于要敢于冒险，冲破自己设定的框框的限制与习俗的束缚。请真正审视一下，在你的内心深处是否存在一些"一定"的信念、"应该"的框框，以及"不应该"的限制，无论是针对自己，还是针对他人。将这些信念、框框、限制写下来，并用"合宜的热切希望"的陈述形式进行修改，将修改后的信念在你的脑海中固定下来，并且在日后的行动中，有意识地运用这一新的信念作为思想的指导，逐步地，你将会发现自己拥有了崭新的信念系统与生活方式。

"反灾难化"信念的建立

——"真的可怕至极吗？"

> 如果灾难已经出现，那么担心、恐惧只会增加痛苦；如果灾难仍未发生，那么担心、恐惧都是徒劳的。而且，想得到你不想要的东西，再也没有比担心、恐惧更有效的方法了。

　　开创了空气调节器制造业的卡瑞尔是一位著名的工程师，然而有一次他却将工作搞砸了，预期将会给公司造成巨大的损失。这一挫折犹如当头一棒，把他给打懵了。他痛苦万分，感觉像世界末日到来一样，忧虑得几天几夜失眠。

　　后来，他提醒自己，这种忧愁是毫无意义的。他开始强迫自己平静下来，找到排除忧虑、解决问题的方法。这个方法非常有效，并让卡瑞尔终身受益。这一方法共有三个步骤：

　　第一步：设法让自己静下心来，分析整个局面，设想已出现的问题可能会造成的最为糟糕的局面。然后，找出自己能接受的最糟糕的结果。例如，即使出现这样的局面，也不会有人把我关起来，我也不可能死掉。

　　第二步：在对可能出现的最坏后果有了充分估计之后，则应做好勇敢地把它承担下来的思想准备。卡瑞尔告诉自己，这次失败，虽然有可能影响自己的名誉，使自己丢掉饭碗，但想想看，多少名人都有过不完美的一面呢，而且丢了工作还是可以很快找到其他工作的。当卡瑞尔这样想完之后，他的心理立即发生了神奇的变化！他感到了无比的轻松。

第三步：待心情平静后，将全部的时间与精力用到工作上，以尽量设法排除最坏的后果。卡瑞尔首先设法减少可能的损失，做了不少试验。最终，公司非但没有损失，反而净赚了 1.5 万美元。

卡瑞尔所运用的这一方法后来被称为"卡瑞尔公式"，普遍被用于排除焦虑、担心、恐惧等多种不良情绪。然而，在卡瑞尔创造出这一方法之前，他也曾一度陷入了"灾难化信念"所造成的困境之中，这一信念让他感到了世界末日的来临，经历了痛苦的失眠。

灾难化信念是一种消极的世界观与心理认知，其常有的思维方式是："如果发生了……那将是一件可怕至极的事情。"例如："做不好这件事情是可怕至极的。"这种思维方式有两个组成部分——部分灾难化成分以及完整的灾难化成分。

举例来说："做不好这件事情是可怕至极的"（灾难化信念）＝"做不好这件事情是糟糕的"（部分灾难化成分）＋"因此，它是可怕至极的"（完整的灾难化成分）。

"部分灾难化"成分并不是极端的，它仅仅评估了问题的糟糕性，并不能按逻辑导致"因此，它是可怕至极的"这样的陈述。而灾难化信念的不合理之处就在于，它尝试从某个不极端的事物里推断出一个极端的结论，而从逻辑的角度来说这是完全不可行的。

"灾难化信念"很容易导致思维的扭曲，如过高地估计负性事件发生的可能性、夸大事件的负面影响或低估了应对资源，从而产生多种不健康的负性情绪，如焦虑、担忧、恐惧、受伤、不健康的愤怒、羞耻等，导致毫无建设性的行为。

克服"灾难化信念"的根本途径在于建立"反灾难化信念"。"反灾难化信念"用一种客观的态度评价事件与问题，用积极的态度看待事件产生的后果，从而使人避免陷入消极、沮丧等负性情绪之中。其思维方式是：发生这样的事情是令人难过的，但没有太大关系，我可以接受。

"反灾难化信念"同样包括两部分，但它的构成部分是——非极端的"部分灾难化"成分以及非极端的"对灾难化进行否定"成分。

> 举例来说："做不好这件事情并不是可怕至极的"（反灾难化信念）＝"做不好这件事情是糟糕的"（非极端的"部分灾难化"成分）＋"但是，它并不可怕至极"（非极端的"对灾难化进行否定"成分）。

与灾难化信念不同，"反灾难化信念"是合理的，原因在于其非极端的对灾难化进行否定的成分确实能从逻辑上承接其非极端的部分灾难化成分。

若想以"反灾难化信念"替代"灾难化信念"，并真正实践"反灾难化信念"，以下几方面的思考和哲学方法可以帮助你做到这一点：

> 学会把事物放在长远的时间观念当中。例如："在若干个月或是若干年之后，事情还会像现在这么糟吗？"
>
> 学会将事物放在对比的观念当中。例如："与其他事件相比，这件事情的糟糕程度又如何呢？"
>
> 学会用"即使"的态度代替"万一"的想法。例如："即使考坏了，我还可以补考，而且很可能就会及格。"
>
> 学会好坏参半的思维方法。例如："如果我真的被开除了，

可以给自己放一个假，之后再找到一份更好的工作。"

学会从他人身上学到如何面对糟糕的事情。找到现实中遭遇不幸却依然愉快生活的人，将其树立为自己学习的榜样。

学会运用"卡瑞尔公式"。第一是问你自己"可能发生的最坏情况是什么"；第二是如果你必须接受的话，就准备接受它；第三是很镇定地想办法改善最坏的情况。

另外，最重要的一点是：学会活在当下。昨天已经过去，明天尚未来临，重要的是把握现在，将所有的注意力集中到你此时此刻正拥有的、正经历的、正体验的事物上，庆幸与满足于你所拥有的，开动脑筋寻求你正经历的事情与问题的出路，珍惜你所体验到的人间百态与苦辣酸甜。

提高挫折耐受力

——"逆境情商"之必要

在逆境挫折面前，先要对它说"是"，接纳它，忍受它，然后试着跟它周旋，输了也是赢。

美国斯坦福大学的医学家曾对 65 ～ 75 岁的老人进行过一项调查，调查结果表明：心力强盛的人比心力交瘁的人平均多活 4.8 岁。所谓"心力强盛"，突出表现在三个方面：一是为完成某项事业而活，即使身心已老却仍忘年地工作，不知疲倦，总觉得自己还年轻；二是为完成某种责任而活，或为后代求学，或为老伴有依靠等，总觉得自己应该努力去工作，积攒财富，干什么都觉得有滋味；三是以平静的心态对待包括疾病在内的各种人生挫折，心理抗争力强。

最后一项"心理抗争力"，指的便是挫折耐受力。具备这种能力的人，虽然有可能在遇到负性诱发事件时，产生担心、悲伤、懊悔等负性情绪，但这些负性情绪是在适度与健康的范围之内的，他们很快便能以坚强的意志、长远的眼光、现实的思维来看待所面临的问题、挫折与困境，以富有前瞻性和敏锐性的眼光看待负性事件，以及对自身所拥有的应对资源予以客观评估，并采取具有建设性的行为反应，诸如平静面对并处理困难情境、有效利用时间以及拥有健康的生活、运动、工作习惯等。

挫折耐受力高的人"逆境情商"也高。逆境情商（AQ）是近年来由心理学家与教育学家提出的一个概念，用以衡量人们在面对逆境和挫折时控制情绪，并将不利局面转化为有利条件的能力。过去 30 多年来所进行的 1500 多项关于"逆境情商"的研究，结果均显示逆境情商高的人有着较强的意志力与抗挫折力，如手术后康复较快，工作业绩比逆境情商低的人高出几倍，在单位中升职的速度也较快。

一个人的逆境情商与挫折耐受力是高还是低，在很大程度上取决于其对挫败感所持有的容忍信念的高低。挫败感容忍度低的信念指的是我们感到自己不具有忍耐事件的能力，例如："我不能忍受达不到目标。"挫败感容忍度高的信念指的是我们感到自己具有忍耐事件的能力，例如："达不到目标是令人难以容忍的事情，然而，我可以忍受它。"

挫败感容忍度低的信念采用的是一种短浅的目光、扭曲事实的思维，它只会使人更加痛苦，夸大事情的严重性，用沮丧取代失望，用惊慌取代镇静。人们会因此感到更无法忍受，以至于这种感觉越来越强烈。为什么会出现这样的情况？让我们对挫败感容忍度低的信念做个分析：

> 每一种挫败感容忍度低的信念都有两个组成部分——"部分挫败感容忍度高"的成分以及"完全挫败感容忍度低"的成分。
> 举例来说："我不能忍受达不到目标"（挫败感容忍度低的信念）＝"达不到目标是令人难以容忍的事情"（非极端的、部分挫败感容忍度高的成分）＋"因此，它是无法被忍受的"（极端的、完全挫败感容忍度低的成分）。

部分挫败感容忍度高的成分并不是极端的，它仅仅评估了问题中令人厌恶的事件的难以忍受性，并不能按逻辑导致"因此，它是无法被忍受的"。而挫败感容忍度低的信念的不合理之处就在于，它尝试从某个不极端的事物里推断出一个极端的结论，从逻辑的角度来说这是完全不可行的。

克服"挫败感容忍度低的信念"的根本途径在于建立"挫败感容忍度高的信念"。"挫败感容忍度高的信念"同样由两部分构成，但这两部分指的是——"部分挫败感容忍度高"的成分以及"对挫败感容忍度低进行否定"的成分。

举例来说："达不到目标是令人难以容忍的事情，但是，我可以忍受它"（挫败感容忍度高的信念）＝"达不到目标是令人难以容忍的事情"（非极端的、部分挫败感容忍度高的成分）＋"但是，我可以忍受它"（非极端的、对挫败感容忍度低进行否定的成分）。

与挫败感容忍度低的信念不同，挫败感容忍度高的信念是合理的，原因在于其非极端的、对挫败感容忍度低进行否定的成分确实能从逻辑上承接其非极端的部分挫败感容忍度高的成分。

以挫败感容忍度高的信念替代挫败感容忍度低的信念，并真正实践挫败感容忍度高的信念，你只需要强力、持续地说服自己：

◎"我当然想得到这些东西，但人生没有什么是非要不可的。"

◎"我讨厌做某些非做不可的事情，但并不表示我不会去做。"

◎"自律很困难，但要我不做更难。"

◎"领导不喜欢我的确让人受挫，但不至于像我想的那样惨，而且这也是我改善自我的机会。"

◎"挫折是生活必然的一部分。所有的人都会遇到挫折与不顺，但最不顺的是那些用不顺埋葬自己的人。"

◎"这份工作的确很辛苦，不如我其他同学找的工作那么风光，但它历练了我坚强的品格，会让我未来得到报偿。"

◎"当状况不可避免地发生且不可改变时，责怪和抱怨都无济于事，而且只会让情况更糟。"

◎"苦难不会长久，强者却可长存，何不将不平或者困难的状况视为有趣的挑战与人生的体验？"

◎"不如意事十有八九，挫折来了迎上去，对它说'是'，接纳它、忍受它，然后试着跟它周旋，输了也是赢。"

◎"常对自己说声'不要紧'，一切都可从头再来。"

◎"对抗挫折，我能！因为我拥有高挫折耐受力。"

对无能为力的客观现实，就要承认自己无能为力。接受是唯一能走出地狱的通道。

唯"事实"为"真实"

——接纳性信念的养成

美国著名心理学家安东尼·梅伦曾讲述过一个故事：

一位男士发现自己精心护理的草坪中出现了许多蒲公英。当他第一次发现后，他立即将它们拔掉。但是，这些蒲公英很快又长出来了。这位男士到当地花园商店买了很多杀杂草剂，喷洒之后蒲公英暂时停止了生长。然而，当夏天到来，充足的水分滋养大地之后，这些恼人的蒲公英又争先恐后地崭露头角，而且似乎是在与这位男士作对，他一边不停地拔，它们一边不停地生长。这位男士恼怒痛苦到了极点。冬天来临，蒲公英再没长出，他心里暗自高兴。然而，好景不长，春天一到，这些恼人的蒲公英又开始疯长起来。他又开始了与它们的搏斗，使用大量杀杂草剂，并将杀杂草剂洒到邻居们的草地上，甚至不惜将草坪彻底更换。几经折腾之后，蒲公英终于消停了，暂时又停止了生长。然而，一段时间过后，它们又长出来了。

他咨询了当地的植物专家，但仍然没能消灭蒲公英。无奈之下，他决定写信向农业部求助。几个月后，他终于收到了回信。他高兴极了，心想："这下我的草坪有救了！"他迅速打开信，看到回复是："亲爱的先生，我们非常重视你的问题，也曾咨询了相关专家。经过认真考虑，我们认为我们能够给你一个非常好的建议。先生，我们的建议是——你要学会去爱那些蒲公英。"

"与蒲公英搏斗"同"去爱那些蒲公英"，虽然只是一种思维方式上的转换，却表现出两种截然不同的信念，即排拒性信念与接纳性信念。

排拒性信念通常是将自己的意志强加于现实之上，试图改变现实、修正现实或拒绝接受现实，执意强调坚持某种行为去获得自我欲望的满足。例如，一位小女孩因没有得到自己想要的东西而愤怒，为了威胁父母，她坐在自己床边，闭上双眼，屏住呼吸想要父母接受她的要求。结果，她的脸变成了蓝色，差点真正停止呼吸。这种信念便是排拒性信念。

与排拒性信念不同，接纳性信念是一种灵活的、辩证的、积极的认知方式。这种信念建立在对客观事实的肯定与接受的基础之上，无论人们喜欢还是不喜欢，愿意还是不愿意，都必须首先承认事实，完全并真正地接受现实。例如，网球初训者都是利用发球机进行练习的。当发球机启动后，机器会自动射出一个个网球让初训者接球，无论初训者能否接到球，或无论初训者是否抱怨球发得不好，发球机都不会停止，也不按初训者的要求改变射球方向，并自动地完成射球过程。通常来说，教练都会要求初训者站在应该站的位置听凭发球机处理发球，初训者只需认真地接球，而不必要求自己达到某种程度的接球率，更不必要求自己接到发球机所发射的每一个球。教练的目的在于让初训者首先学会接受发球机的特点，以及自身目前的状况，只有打好这一基础，才有可能进一步寻求提升自身技能的途径与方法。

"接受是唯一能走出地狱的通道"。只有真心地、完全地肯定与接受现实，我们才能对自身及周围的环境进行客观的评估，并正确地回应现实。

20世纪后期在日本国内及北美广为流传的森田疗法便是建立在要求

人们树立接纳性信念的基础之上。日本人森田正马在对神经方面的患者进行大量研究后发现，这些人之所以有着极为消极的自我评价与自卑羞辱感，其根源就在于他们大多沉溺于想象失败过后的状态之中。发现这一问题之后，森田正马便提出了"唯事实为真实"的心理疗法，即森田疗法。这一疗法强调，放弃任何虚像的影响，以事实作为思维判断与行动的依据。

举例来说，如果一名学生考试得了40分，他可能会沮丧，原因在于有个"100分是满分"的标准。因此，他想象的并非是这40分，而是另外的60分的包袱。如果只盯着这想象中的反面的60分，抱着"如果补考还是只得40分咋办"的想法去参加考试，即使得了70分，也还会背着30分的包袱。"我真是太笨了，再努力学习也就得这70分"。以上这些由自我贬损、不愿接受现实所引起的虚像使得他会越发怯懦与自卑。

但如果相反，这名学生不是否定这40分，而是面对它、肯定它，体验其中哪怕是一点的成功，抱着"即使得了40分也要加倍努力，照此下去再得40分就是80分了"这样的想法，他便具有了健康、平衡的心态与继续努力下去的建设性行为。

接纳性信念的养成是可以通过练习获得的。下面介绍几种简单易行的方法：呼吸练习、半微笑练习与专注练习。

◎ 呼吸练习。关注自我呼吸有助于帮助人们接受与容忍现实，同时也能减压以达到身心放松。

呼吸练习包括深呼吸练习法；测量呼吸法（如用自己走路的步数测量自己的呼吸长度）；计算呼吸次数；听音乐呼吸法。所有这些呼吸法都要求静心、关注自己的呼吸。

◎ 半微笑练习。当人们处在半微笑状态时，人们的面部肌肉处于放松的状态，人们的心情处于安详与平静的状态。因此，经常保持半微笑状态，有助于人们控制情绪并养成良好的接受现实的心态。

半微笑练习可以在清晨起床后进行，也可以随时随地进行、听音乐时进行、心情烦躁时进行、躺着时进行、评价你所讨厌的人或事时进行，等等。

◎ 专注练习。专注练习强调关注自己以及周围的环境，每天坚持练习，可帮助人们产生有效的接受现实的想法，并有助于人们渡过难关。

灵魂深处的信念"大 PK"

——强化健康信念

> 如果你想要改变自己的不健康信念，那么强化你的健康信念，并按照与健康信念相一致的方式进行思考与行动是至关重要的事情。

　　玛丽心里一直有一个阴影。童年时期，她常常受到性格暴躁的父亲的虐待。长大以后，玛丽对父亲也没有好感，她始终认为："我的父亲不是一个好父亲，他绝对不能虐待我。"因此，她讨厌并极其怨恨她的父亲。即便她结婚有了自己的孩子，也依然无法接受她的父亲，而且她认为，如果自己接受了父亲，那么她就得允许自己的孩子和外公单独相处，那么自己的孩子就很可能会经历与她小时同样的事情。

　　其实玛丽自己也清楚，虽然不遭受虐待是美好的事，然而事实是，自己的父亲确实已经虐待了自己，要求情况绝对不能发生是不符合现实的。而且，如果自己接纳了父亲，并不一定意味着自己的孩子仍会受到外公的虐待。因此，自己应当秉持的健康信念是："我接受他是一个怎样的人以及他曾经做过的事情。"而且，"既然我已经知道了这一切，我就有能力保护我的孩子，使她不会遭受同我一样的待遇"。然而，遗憾的是，玛丽始终无法说服自己从不健康信念中走出来。

　　心理学家 Rorer 博士发现，人们很难改变自己的不健康信念，即使他们已经承认这些信念是虚假的、不合理的、无益的，而它们的替代物——健康信念是真实的、合理的、有益的。人们在改变自身不健康信念方面遭遇失败的主要原因在于：健康信念对不健康信念在关键时刻的博弈失败，以及缺乏行之有效的方法从而导致最终放弃健康信念。

当你所拥有的不健康信念强大，而相应的健康信念弱小时，便容易在关键时刻的信念博弈中，使得不健康信念瞬时战胜健康信念。因此，你需要在平时通过不同的方式来强化你的健康信念，培养它，使它足够强大。你可通过以下方法来达到这一目的：

在恰当的时刻总结你的健康信念

通常来说，不健康信念满足三个特点：与现实不符或虚假、不合理、通常会导致不良结果；而健康信念通常也满足三个特点：符合现实、合理、通常可以产生良好结果。为了强化你的健康信念，你需要有意识地辨析与总结你的信念哪些是健康的、哪些是不健康的。

例如，如果你常常会在演讲时感到过度紧张与焦虑，你就需要分析你对演讲这一事件所秉持的信念是什么。如果你的信念是："当面对演讲时，我会认为自己将表现得很糟糕，我对台下众目睽睽的情景感到恐惧，我害怕被大家耻笑。"这种自我贬低、灾难化的信念是你产生负性情绪的根源。你可以练习用想象面对演讲，总结自己的健康信念。你可以告诉自己："演讲正好是我展现自己的最佳机会，感到紧张是正常的事情，只要我做了正常的、充分的准备，我就能很好应对了。即使出现了不好的局面，也无所谓，就当是丰富了一次人生经历吧。"将你的这一信念记录在提示卡上，将卡片放在自己能经常看见的地方，大声地读出你的信念。在你演讲的过程中，你可以在大脑中很快地重复这一信念。在演讲结束后，你需要进一步巩固、完善这一信念。

利用理性资料法，让你的健康信念与不健康信念进行辩论

虽然你拥有健康信念，但当它的力量弱小时，你很难听到它的声音。因此，你需要有意识地制造让健康信念与不健康信念进行辩论的机会，让你听到你的健康信念所发出的声音，听到你的健康信念本身所发布的迷人的真理。

理性资料法是一种理性分析的方法，它让你的健康信念在与不健康信念辩论的过程中得以强化。其具体运用如下：

选择你的不健康信念以及相应的健康替代物。例如，灾难化信念与反灾难化信念。

将你所能想到的、反对这一不健康信念的观点写下来。

将你所能想到的、支持这一健康信念的观点写下来。

总结你的这两个观点清单，反复进行比较，分析哪一种信念是正确的，最终达成在心底里真正认同你的健康信念，并彻底否定你的不健康信念。

利用理性情绪想象，对自己的行动进行彩排

理性情绪想象是一种想象式的方法。一方面，它让你将注意力集中在想象自己身处感到困扰的具体环境之中；另一方面，它帮助你练习将自己具体的不健康信念转变为健康的替代物。

其具体做法是：对于你将要面对的情境形成一个清晰的、生动的想象画面，并特别聚焦于可能会让你感到窘迫或困扰的情景。例如，你在演讲时感到无比紧张、声音发颤、面部发红、语无伦次。在你聚焦这一情景时，回顾你的健康信念，并用这一健康信念取代不健康信念，之后保持这种崭新的信念，直到你改变你的情绪并使之恢复平静。

保持这种具体的健康信念5分钟，在这段时间里，你要把注意力全部集中在对负性情境的想象上。如果你不知不觉回到了先前的不健康信

念中，就再回到新的健康信念中。如果必要的话，你需要强有力地重复这一健康信念，直至你做出情绪上的改变。

在保持这种信念 5 分钟之后，你要想象自己能够形成一种与你的健康信念相一致的建设性行为。例如，你想象自己能够落落大方地走上演讲台，微笑着向大家深鞠一躬，然后将自己的演讲内容向大家娓娓道来。在整个过程中，你收获到了展示风采的自信与骄傲。

为他人传授健康信念

这同样是强化你的健康信念的一种有效方式。当你向他人传授健康信念时，你便会在关注、讲述，以及与他人辩论的过程中，强化自身的健康信念。运用这一方式时，你需要首先将自己的健康信念进行整理，准备充分的支持证据，这是使你自己确信同时也使别人确信的前提。

第六章

情绪传导

"菩提本无树，明镜亦非台，本来无一物，何处惹尘埃。"这一慧语倡导人心不受外物的干扰。但事实上，能达到这种境界的人极少。

作为社会人，更多的时候我们需要与他人打交道。他人的情绪、我们对他人处事的态度等，都会直接影响我们自身的情绪。

"听他这么一说，我立刻怒发冲冠。""他这个人怎么这样，快气死我了！"想想吧，这样的话你也一定说过吧？这便是广泛存在于人际交往中的"情绪传导"现象。

情绪传导因其内容、性质与方法的不同，所产生的结果也不同，大致可分为积极的情绪传导与消极的情绪传导。

对于积极的情绪传导，我们要多加利用并有意创造；对于消极的情绪传导，我们则要保持警惕、尽力避免并有效遏止。

被情绪传染后的情绪

——警惕：情绪是瘟疫

> 情绪会像瘟疫一样，由一个人传染给另一个人。高情商的人不仅能很好地控制自己的不良情绪，而且对别人的负面情绪也具有良好的免疫能力。

曾有一位朋友向我讲述了这样一件事情。几年前，这位朋友由于工作中出现了一次失误，被心情糟糕的领导狠批了一顿。他自然是心里不痛快，回家后看见老婆只顾看电视，饭还没做好，就朝老婆大吼一通。他老婆觉得窝火，恰好儿子放学回家，她一眼便看见儿子身上脏兮兮的，便不问青红皂白，将儿子臭骂一顿。原来，儿子是不小心摔了一跤才将身上弄脏的，被母亲奚落之后，儿子心里更难受了，转过身朝着自家的狗踹了一脚。可怜的小狗撒腿就跑，仓皇逃到大街上，正好遇上一辆汽车驶来，司机为了避让狗，不小心将旁边正在玩耍的小女孩轧死了。

我清晰地记得，这位朋友在给我讲述这件事情时，眼睛里闪动着泪花。他告诉我，这件事情虽然已经过去很多年了，但他始终不能忘记。虽然小女孩的死与他没有直接关系，但是他感到非常内疚。自此之后，他一直警告自己，做任何事情，都不能把自己的坏情绪传染给无辜的人。

上述案例反映了"情绪传染"这一普遍现象的存在。在生活中，我们肯定碰到过类似的情况：在看电视剧时，很多人的情绪会被剧中的人物带跑，剧中人物哭，观者也会流泪；剧中人物笑，观者也会开怀大笑，说明仅仅是目睹别人的情绪反应，便会影响我们自身的情绪。在工作时，你身边同事高涨的工作热情会激励你，而不断地抱怨与其他的消极情绪也会打击你的工作热情。我们还会看到，一次积极的头脑风暴会议，却被少数几个总爱怨天尤人的同事给搅得前功尽弃，他们仅需说几句泄气话，就能将消极的情绪传染给大家，甚至能屏蔽掉好消息。

"情绪传染"是我们情绪产生的一个重要途径。心理学家巴萨德教授曾将人视为"情感导体"，因为人们在相处、工作、交往时总会带着各自的情感因素，包括性格特点、心情和情绪，乃至情感经验。这些情感因素，尤其是情绪表现出来，会像瘟疫一样，由一个人传染给另外一个人。

美国加州大学洛杉矶分校医学院的心理学家加利·斯梅尔的实验证明了这一点。斯梅尔将一个乐观开朗的人和一个阴郁难解的人放在一起，发现不到半小时，这个乐观的人也变得郁郁寡欢起来。斯梅尔随后又做了一系列实验，证明了包括喜怒哀乐在内的所有情绪都可以在极短的时间内由一个人身上"感染"给另一个人，这种感染力的速度甚至快到超过一眨眼的工夫，而当事人也许并未察觉到这种情绪的蔓延。

在情绪的传递与传染中，有的人是显而易见的"元凶"。这种人通常很喜欢表达自己的情感，他们无论有什么样的情绪，总是能通过话语或肢体语言很快地传染、转嫁给他人。心理学家指出，这种人能够轻而易举地让别人感受到他们的情绪状态，而且往往会在人际交往中占据主导地位。

还有一类人，总喜欢让别人与他们同悲同喜。他们在情感方面具有强势，影响别人的情绪会让他们很有成就感。他们就如同蚂蟥吸血一般，通过绵延不绝、反反复复、颇有戏剧意味的申诉来侵蚀你的意志，于不经意之间就瓦解了你的精神防线。这种状态在心理学中被称为"情绪传染综合征"，是一种过于以自我为中心的病症。这种病症还容易被泛化，有的人在单位遇到不高兴的事，回到家便看家人也不顺眼。这是一种轻微的心理障碍，普遍存在于职场人士之中。

另外还有一部分人，则在情绪传递过程中处于劣势，他们极容易受到他人情绪的感染、影响与控制。研究发现，敏感性和同情心越强，或是善于察言观色的人，通常更容易受他人情绪的影响与传染，而且这种传染过程是在不知不觉中完成的。女性在其成长过程中所接受的培养与教育，使她们更注重与他人的协调，也更关注他人的情绪，因此女性对于他人的情绪更为敏感。最新的一项调查研究表明，在被访问的500多对夫妇中，丈夫对于妻子情绪的影响非常深，妻子甚至就是丈夫喜怒哀乐等情绪反应的一面镜子。而妻子对于丈夫情绪的影响却没那么显著。一个下班回家愁眉不展的丈夫会令妻子心神不宁，而当妻子脸色转阴时，丈夫或许没有那么敏感地迅速察觉。

"招工招聘看智商，提拔重用看情商"。一项调查显示，在职场上升迁，或是工作较有成就的人，绝大部分是在情绪上具有稳定性格的人，而不是才华横溢或者智商较高的人。这种稳定性格不仅包括能很好地控制自己的不良情绪，还包括对别人负面情绪的免疫能力。无论是在工作中还是生活中，我们的心情总是容易受别人情绪的感染，那么，如何避开"情绪传染"，提高自己对别人坏情绪的"免疫力"呢？

第一，如果可以，请尽量远离消极的人

诚然，你很难改变那些有着严重消极情绪的人，但你可以有步骤地避开消极情绪对你的影响。心理学家巴萨德教授在参加员工会之前，常会有意识地提醒自己，不要被那些对任何新理念都横加批判的消极分子影响，也不要让那些消极分子成为自己注意力的焦点（这样可以降低消极情绪的传染性）。我们还可以特意改变自己的办公习惯。某经理每天上班时，都要经过一位牢骚满腹的员工的工位，因此他整日的情绪都会受影响。为了改变这一状况，这位经理改变了每天进入办公室的路线，心情也随之好转。

第二，如果无法远离，请尽量学会与消极的人相处

当你不得不与一个消极的人在一起时，逃避不是办法，若是表现出你厌恶的情绪，则会加重你的坏心情。此时，你必须学会与他们相处，可以采用以下办法。

尽量不提及让他们产生消极情绪的敏感话题。清醒觉察他们的情绪并采取相应对策。以一名销售经理为例，他想出了一套可以让公司收入增长近 3 倍的策略，但同时他也知道，早上老板最易发脾气。此刻，对于这位经理来说，所谓"避开情绪传染"，就是首先认识并考虑到老板的情绪因素。尽管因怀揣提升公司经营业绩的妙计而激动不已，这位经理也要按捺住心情，等到下午时再去找老板商谈。

不要使用"有色眼镜"与"思维定势"去看待与你相处的有着消极情绪的人。有时，你不妨换个角度去看问题，看看他身上的优点，如此转移你对他的注意力，然后你就会发现自己的心情也好一点。

第三，凡事要有主见，且要培养积极乐观的人生态度

没有主见的人，最容易受别人情绪的感染，而一个有主见的人则会很轻松地保护好自己的"情感领地"，使其不受不良情绪的污染。同时，培养积极乐观的人生态度是抵御情绪传染的根本。巴萨德教授指出，态度积极的人在工作中会表现得比较突出，这并不是因为他们比那些消沉的人更受欢迎，而是因为他们在处理外界信息方面表现得更有效、更准确，他们乐于接受外界信息并高效地处理这些信息。而处于消极情绪中的人，

因为消极情绪将会占据其相当比例的思绪，从而使其无法准确、高效地处理外界信息，更无法应对外界消极情绪的传染与干扰。

避免被负性情绪传染的方式还有很多，如转移话题，"咱们干吗不聊点儿别的呢"，以及一些能够让你恢复平静的自我心理暗示，如默念："我才不会理会这些风言风语呢。"另外，还有一些保护措施，如有效掌控你的身体语言；在脑子里给自己砌上一堵防护墙；把握好社交生活的平衡；坚持多一点、少一点原则；当你手足无措时尝试暂时回避的方法；坚持相信这样的事不会发生在自己身上，而你也有能力处理好这样的事情，等等。

要学会控制自己的心情，而不能让别人决定你的心情。加强自己对别人坏情绪的"免疫力"，你才能每天都拥有好心情。

避开情绪污染，不要把自己的情绪交到别人手里！倘若人人都能这样，生活必定美满幸福！

处理他人情绪的方式

——小心：别被他人情绪左右

　　在古老的东方，有一位叫爱地巴的人，他有一个很有意思的习惯，每当生气要与他人起争执的时候，他便会以最快的速度跑出家门，绕着自己的房子和土地跑三圈，然后坐在田地边喘气。他的这一习惯一直保持着，即使后来变得很富有了，房子和田地都越来越多时，他也依然这样做。很多人会问爱地巴，为什么他每次生气时都会跑三圈，而爱地巴总是笑而不答。直至一日，这一问题才有了答案。

　　爱地巴年纪很大了，而他的房子和土地也已很成规模。这日，他遇到一件让人生气的事情，他便拄着拐杖艰难地绕着土地跟房子转，好不容易走完了三圈，夜幕已经降临，爱地巴坐在田间喘气，他的孙子在一旁恳求他："阿公，你能否告诉我这个秘密，为什么你每次生气时都要绕着房子跟土地跑三圈呢？"爱地巴禁不住孙子的恳求，吐露了多年的秘密。他说："年轻时，我碰到生气、吵架之类的事情时，就绕着房子和土地跑三圈，边跑边想，我的房子这么小，田地这么少，我哪有时间、哪有资格去跟人家生气，一想到这儿，我的气就消了，于是把所有的时间与精力花在劳作上。"孙子又问："那如今你已经变成了很富有的人，为什么还要

绕着房子和土地走三圈呢？"爱地巴笑着说："我现在还是会碰到
让人生气的事情啊，这时我绕着房子和土地走三圈，边走边想，
我的房子这么大了，土地这么多了，我又何必跟人计较呢？想到
这儿，我的气就消了。"

如何应对与处理他人的情绪，是我们自身能否持续拥有良好情绪的
关键。遗憾的是，很多人并不能很好地掌握应对他人情绪的技巧与艺术。
处在都市生活中的人们，不知从何时起，情绪与脾气变得越来越大，被
别人踩了脚，有人会脱口而出："你眼瞎了！"因而大吵一番甚至大打出
手；别人发了一句牢骚，无意中说了不中听的话，有人马上就会暴跳如雷，
甚至破口大骂。他人的坏情绪常常成为引发我们自身坏情绪的导火索，
以致双方针锋相对，直至两败俱伤。

对他人情绪的不良处理与错误应对方式是很多人际冲突产生的根源。
通常来说，对他人情绪的不良处理与错误应对方式包括以下四种类型：
惩罚型、迁就型、冷漠型、说教型。

惩罚型——认为他人出现的情绪是挑衅、不应该或者不合情理，
对方应当因此而受到惩罚

当他人表露出自身情绪时，我们自己会立刻以更大的情绪、更激烈
的表现，以压倒对方气焰的方式来回敬。而此时，如果对方也以相同的
方式来应对，便会使战火越烧越旺，让双方都失去理智，陷入愤怒的火
焰中而无法自拔。因此，这种应对方式常常造成激烈的人际冲突。

迁就型——当他人表现出情绪时，我们自己会投其所好地迁就
对方，给予一些对方在乎的价值或东西，驱使对方的情绪暂时消失

这种方式虽然能暂时性地消除或减弱对方的情绪，但并不能从根本

上解决问题，而且还会使双方之间形成不健康的相处方式。例如，小青每次都要看老公的脸色行事，一旦对方稍有情绪的宣泄，小青就会受不了，就会有强迫行为，一定要赶紧让对方的情绪改变过来、好起来，于是开始讨好对方。长此以往，小青已经被老公的情绪控制住了。

冷漠型——认为情绪是每个人自己的事情，对对方的情绪视而不见、不做反应，让它自生自灭或者由当事人自己默默承受

心理学家约翰·高特曼在对美满与不美满婚姻的研究中，发现了一种被他称为"逃避"的现象。男人比女人更经常有这样的表现，这是一种对互动的冷漠拒绝，即当事人拒绝对配偶的情绪做出反应。逃避是对他人的愤怒或者抱怨所做出的典型反应，当事人自认无力解决对方以及自己的情绪问题，所以选择了退缩。例如，当女友表露自己的情绪时，男方认为她应该有能力处理自己的情绪，或者不应该将情绪显露出来，于是，他假装看不见，置之不理，这使得二人之间的矛盾积累下来，女友的情绪进一步恶化。再如，一名员工怒气冲冲地来找领导，领导却说："你先回去，什么时候你的火气消了，再来找我解决问题。"

说教型——不顾对方的感受与真实心理需求，以教育者的姿态讲大量的道理来教育、训导对方，使得对方陷入更大的情绪困扰之中

这是最常见的一种方式。很多人习惯用"应该"和"不应该"的大道理、严厉的责备或过度的说教去试图阻止或消除别人的情绪。在说教的过程中，说教者的说话内容、情绪表达只是强烈地想表明其个人主观的意识与看法，而不是对对方的关心，以及对对方心理的真实把握，从而忽略了对方最真实的心理需求，说教的效果自然很差，甚至可能使对方陷入更大的情绪困扰之中。

以上四种应对他人情绪的方式都是无效的、不科学的，对己对人都

没有好处。根据现代心理学理论，正确处理他人情绪主要包括以下四个步骤：肯定、分享、设范、规划。

第一步：肯定——接受对方的情绪，表露出"你这个样子我是接受的，我愿跟你沟通"的意思

接受对方的情绪，就是不管对方因为什么事情处于什么样的情绪状态中，都假定该事对这个人很重要，认为他表现出来的情绪是合理的、正当的。例如，看到同事不开心，不要躲着他，而要走到他身边，用关切的语气问："我看到你愁眉不展的样子，好像不开心，发生了什么事？需要我的帮助吗？""看你这样悲伤，我心里也不好受，可以告诉我发生什么事情了吗？""我看到你有些怒气，我可以分担什么吗？"

当你用这种认同的口吻和对方说话时，对方一定能感受到你的关怀及诚意。因此，在进行这一步骤时，切忌以挑战、质疑、否定与批评的态度对待对方的情绪。例如："你怎么又发怒啊！""你不应该在这里发怒！""唉，你又发脾气啦！"

第二步：分享——分享对方的感受与面临的事情

注意，永远是先分享感受，引导对方描述内心情绪，然后再分享事情。因为如果情绪感受未曾处理，谈事情细节就不会有效果，而且还会使对方越说情绪越高涨，让问题更难处理。

与对方分享情绪，并非要告诉他这是他应该有的感觉，而应只是单纯地帮助他与自己的感觉重新连接，正确认识其当时的内心感受。在与对方分享情绪时，可以提供一些相关的词汇，帮助对方把内心的情绪感觉转换成一些可以被定义、有界限的情绪类别。例如："你感到很尴尬，是吗？""你感到很焦虑，是吗？""怪不得你有这样的反应，你心里现在觉得怎样？"

一个人越能精确地以言辞表达他的感受，就越能掌握处理情绪的能力。当你能够引导对方进行足够的情绪表达后，你会发现对方的面部表情、语速、音量等方面会有舒缓的迹象。而如果你先让对方说出事情的内容而不是先化解对方的情绪，那么对方就很容易越说情绪越激动，使问题更难处理。

第三步：设范——勾画一个规范构架，对适当的行为予以肯定，对不适当的行为提出质疑

实践这一步骤的技巧与艺术在于，首先应对适当的行为予以肯定，给予对方尊严与自信，引起心灵的共鸣，然后再对不适当的行为进行质疑，让对方明白什么是应当的，什么是不应当的。

例如："你对目前被分配到这样的工作岗位感到郁闷，我很明白你的感受。但你这样不思进取就不对了。你想，你这样做一天和尚撞一天钟，不是把自己给耽误了吗？"

"我明白了，换作是我也会这样不开心，可是，你这么一言不发地走了，其他人无法知道是什么原因，不了解是他们伤害了你，还会认为你没有礼貌呢！"

"你感到嫉妒是很正常的，我明白你的这份感受。这至少说明你很有上进心。但你用难听的字眼当众骂他，这岂不有损你的身份与形象？你以后想超越他，机会不是更少了吗？"

第四步：规划——给对方提供解决问题的多种方案，帮助对方选择采纳

通过以上步骤，对方会觉得："我有这样的情绪原来不是错误，但是应该怎样去处理问题呢？"此时你可以帮助对方找出更好的做法。

例如："在工作中发挥主观能动性与创造性，提高工作技能，便不愁

找不到更好的工作。"

"你何不向他学习，吸取他身上的优点为你所用，这样你不就有机会比他更优秀了吗？到时何愁不能超越他呢？"

或者你可引导对方去发展自己的想法，以帮助他做出最好的选择，鼓励他自己去解决问题。你可以说："为避免类似的事情发生，你应该采取哪些预防措施呢？"

释放他人给你的负面情绪

——看看谁是最明智的女人

当你不可避免地要被他人的情绪感染时，你并不一定是被动的，你需要为你自己的情绪负责，采取主动、健康、有益的措施去化解他人负面情绪的影响。

　　如果不能有效地释放他人带给我们的负面情绪，将会导致许多身体疾病。英国有一项针对进行乳房检查的女性开展的研究，指出几乎不生气的女人和脾气暴躁的女人，似乎比适当发泄怒气的女人更容易患恶性肿瘤疾病。心理学家布鲁克丝调查了 1100 位没有患乳腺癌的女性，将结果和 15 位患良性肿瘤及 15 位患恶性肿瘤的女性做了比较。

　　"良性肿瘤和恶性肿瘤患者中，有绝对高比例的人表示在过去一年中生的气比 1000 多位健康者还多。"布鲁克丝博士说，"而大多数有恶性肿瘤的女性又比有良性肿瘤的女性更常生气。良性肿瘤的女患者在过去一年中又比健康的女性更常生气"。

　　这些女性表达愤怒的方式也不相同。有恶性肿瘤的女性，即使自己没做错，也经常会为自己生气而道歉，因此她们不论何时，一旦表现出敌意，便常常立刻收回情绪。良性肿瘤女患者则倾向于"一气到底"，因此其怒气常常变成无法解决的内在冲突。而健康的女性则较容易"气过就忘"，会尽快将心力转移到愉快的事情上面。

处在人际交往圈中的我们，总会受到他人情绪的影响。当他人的不良情绪波及我们时，如何正确地处理这些情绪，将关系到我们自身的心理与生理健康。以上心理学家的研究结果表明：在对方将不良情绪释放给我们时，如果我们压抑自己的想法与情绪，将其藏在心里，并不利于身心健康。这种方式常常会让人产生压抑感、低度沮丧感、疲惫感，甚至催生惯性头痛；而如果我们针锋相对，一味地生气下去，则容易产生更多的情绪问题。

在面对他人的愤怒、怨恨、误解等情绪时，不同的人在不同的情况下会有不同的解决路径。例如，一对夫妇发现，经过一场激烈的争吵之后，夫妻感情反而更好了；相反，也有人把愤怒情绪视为致命毒药，不惜付出任何代价来避免愤怒情绪的出现。因此，如何应对他人带给我们的负面情绪，并没有绝对正确与有效的方法，需要我们因时、因地、因人进行灵活的应对。当然，在能够灵活应对之前，我们需要对此形成一个清晰的认识，了解并掌握通常的应对艺术与技巧。

正确表露情绪，但要适可而止，别让自己成为情绪化的人

只是理解他人的情绪或者干脆置之不理，对我们毫无用处，我们应当将自己对对方的不满、生气等情绪以不攻击的方式表露出来，让激起我们愤怒等不良情绪的人知道，他们的行为使我们不满，这样才能让他们停止这样的行为。而且，这种做法能够及时排解涌在我们心头的那股情绪能量，对我们的身心是有好处的。

当然，将情绪表露出来，这一点很容易做到。我们需要掌握的技巧在于：把脾气与情绪表露在正确的人身上，达至恰当的程度，并要选择恰当的时间，为正确的目的——要做到这些并不容易。一个重要提示是：以"我"而不是"你"来表达，例如，与其说："你不公平，你错了。"倒不

如说："我觉得很受伤，你的所作所为并没有考虑我的需要。"

及时释放他人造成的负面情绪

如果我们在表露情绪时过于激动，或者在表达情绪之后很长时间不能从中摆脱出来，那么这种方式只会给我们自身造成危害。

心理学家艾克哈特·托尔曾描述过两只鸭子。这两只鸭子在水中戏水时发生了争斗，然而它们在短暂的冲突之后，会分开朝着相反的方向游去，并不约而同地用力振动几次它们的翅膀，好释放刚才打架时所累积的多余能量。之后，它们会继续安详地在水面上漂流，好像刚才什么事都没有发生一样。这给我们的启示是：能够很快地从不良情绪中摆脱出来，将情绪释放或转移，压力就不会存在，对身体状况也有正面的影响。

如果可以，压制情绪，但绝非压抑

调查发现，爱生气的孩子得不到其他孩子的认可，而爱生气的成年人则缺乏社交魅力。这说明，把情绪表现出来要付出一些代价，尤其是愤怒的行为和言语会暂时或永久地毁掉我们和他人的关系，而且常常还会引来愤怒的报复。

因此，如果你有一定的心理承受能力，且针对的事情并不值得你生气，那么最好不要随意表露出你针锋相对的情绪，或者尽量按照有益的方式行事，尽量不攻击激怒你的人。这就像心理学家卡罗尔·塔弗瑞斯所说的："只要我们能够控制引发愤怒的局面，只要我们不是痛苦地坚守自己的愤怒，而是把它看作一种需要纠正的不满情绪，只要我们敢于对自己生活中的人和事负责，就应当压制住自己的愤怒，而且这对于我们自身是有益的。"

当然，压制并非压抑，其差异在于意识。例如，你如果因为不想引起争端而下意识地忍下怒气，这叫压制；如果你从7岁起就对父亲敢怒不敢言，从而无意识地将怒气藏起来，这叫压抑。

冷静处理问题，寻求妥善处理之道

当面对一个激起我们负面情绪的人时，最为理想的方式是，你能够冷静下来，把激怒我们的人和他们所做的事分开对待。我们要试着去了解这个人为什么要激怒我们，体会他的感受，集中思考是什么使他生气。如果我们这样做了，便能够以"同理心"站在对方的立场上考虑问题，从而找到妥善的问题解决之道。不过，这并不意味着我们不能告诉对方所怀有的不满。我们的愤怒是指向对方的行为而不是个人。

说话的技巧与艺术

——"祸从口出"与"金玉良言"

掌握有效的说话技巧与艺术，不仅能有力地回避不良情绪的有害传导，还能体现一个高情商者必备的素养与才能。

　　布鲁克林是个性格冲动的小男孩，经常无缘无故地大发脾气。于是有一天，他的父亲给了他一袋钉子，并且告诉他，当他想发脾气骂人的时候，就在后院的篱笆上钉一颗钉子。

　　第一天，布鲁克林钉下了40颗钉子。随着时间的推移，他每天钉在篱笆上的钉子数量逐渐减少。慢慢地，布鲁克林发现他有时想发脾气，竟然可以控制住了，因为他觉得控制自己的脾气比钉下那些钉子更容易一些。

　　他把这些想法讲给父亲听，于是，父亲告诉他，每当他能控制自己脾气的时候，就拔出一颗钉子。时间一天天过去了，布鲁克林家篱笆上的钉子被拔出了一颗又一颗，直到有一天，篱笆上终于没有钉子了。布鲁克林告诉父亲，他终于把所有的钉子都拔出来了。

　　听完这话，父亲牵着他的手来到篱笆旁边，语重心长地说："亲爱的布鲁克林，你做得很好。但你看这些留在篱笆上的坑坑洼洼，将使篱笆永远不能回到从前的样子。你生气时所说的那些话就像这些钉子一样，会在别人的心里留下许多难以弥补的疤痕呀！"

　　语言是重要的表达思想的工具，也是主要的情绪传导方式。古人常说，"良言一句三冬暖，恶语伤人六月寒"，有时一句话能化解一场恩怨，建立一段友谊，而有时一句话却会得罪人，引起一场恩怨纠纷，毁掉一份深情厚谊。尤其是在你口不择言并出言不逊时所说的话，虽然可能会解你一时之气，但也很可能会给对方心灵造成无可挽回的伤害。

　　"君子不失足于人，不失色于人，不失口于人"，这是先哲们留给我们的警世古训。学会如何说话，掌握既有利于自己，又有助于别人的说话方式，是保证自身拥有良好情绪的同时，也给他人带来良好情绪的前提。

沉默胜过言语

　　"沉默是金"。沉默历来受到圣人们的推崇，但这里所说的沉默并不是无原则的沉默，也不是故意放弃讲话的机会，而是强调：在不需要说话的时候不必说话；没有经过深思熟虑时不要轻易说话。其目的在于避免讲不利于自身及他人的言语。这里的沉默是从广义上来讲的，包括不撒谎、不诽谤、不诅咒、不因冲动而胡乱说话、不用话语惹怒别人、不吹牛、不与人争吵等。

　　　普塔荷太普是古埃及著名的思想家、政治家，他在《普塔荷太普说教文》中告诫儿子，在三种情况下应当采取沉默方式：

　　　第一种情况，假如面对的是一个地位比自己高但喜欢争论的人，"你要双手交叉，腰背弯曲；如果向他挑战，到头来只能使你自己受辱。你要在他出言不逊时保持沉默"。

　　　第二种情况，假如面对的是一个与自己地位相当但喜欢争论的对手，"当他口出恶语时，你可以通过沉默来显示你优良的教养。旁观者会对你赞不绝口，官吏们也会对你的品德有所了解"。

第三种情况，假如面对的是一个地位比自己低下但喜欢争辩的人，即一个称不上是真正对手的人，"不要因为他地位卑微而对他予以还击，让他尽情地讲，以便他把自己驳倒。不要为了发泄而反驳他，不要试图通过击败对手而获得满足，伤害一个可怜的人只能使你也变得可怜。你可以通过沉默来回击他，因为旁观者对他的谴责远胜过你对他的反唇相讥"。借别人之口，特别是借助地位比自己高的人之口说出你原本想说的话，这才是智慧之人的做法。这也是古埃及人推崇沉默的重要原因之一。

需要说话的时候不要沉默

沉默并不适合一切场合，当一个人在应该说话的时候不说话，反而会给自己惹上麻烦。说话与沉默各有其适用之处，关键在于，"不要因为到处说话而被人称为咿呀学语的小孩，也不要因为该说话的时候缄默不语而被人叫作木头疙瘩"。掌握说话的时机与火候至关重要。

一个叫寅泰普的官吏在自传中曾这样描写了他如何用言语应对他人的情绪："我对怒气冲天的人保持沉默，和蔼地对待无知的人。我是个冷静的人，从不慌张，因为我能够预料到事情发展的方向和即将出现的结果。我能够在关键时刻说出恰如其分的话，我知道哪些话会让别人安静下来，哪些话会激怒别人。"

显然，在人际交流中，说话的艺术不仅仅体现在该沉默的时候保持沉默，还应体现在该说话的时候敢于说话、善于说话，而这些技能都建立在长期与他人打交道中所形成的对人性的极强理解力，以及揣测别人心理活动极强能力的基础上。

面对不同的对象和事件，在恰当的时刻和场合说出恰如其分的话，这是进行情绪修炼时应掌握的最为重要的说话艺术。对于愤怒的人和无知的人，我们首先要耐心地让他们把各自想说的话都说出来，把心中的积怨都倒出来，不要打断或者驳斥他，让他倾诉完原先打算倾诉的话语。愁肠满肚的人首先希望把苦水倒出，愤怒的人首先需要把愤懑的情感宣泄。此时，你仅仅需要倾听，就能够缓解他们的情绪。

当然，沉默和倾听不是最终目的。耐心地倾听他人的诉说只是为了抓住问题的症结，最终的目标是对症下药，给出令人满意的答复。

过滤所要说的话

在该说话的时候说话，并且要达到让人心服口服的程度，这是一种更高的说话境界。想做到这一点，需要你进行周全的思考，慎重选择所要说的内容，使你说的话成为"金玉良言"，从而获得他人的尊敬与信赖。

"一个人的身躯比仓库还宽大，里面保存着各种各样的话语。你应当从中选择适当的话来说，而那些不合时宜的话则应留在你的身躯里"。这是古埃及思想家阿尼在强调有选择性地说话时所讲的内容。为了说明这一点，他举例说："当你的上司在气头上时，不要回敬他，让他尽情地发泄他的愤怒。当他说话尖酸刻薄的时候，你要说甜蜜的话，因为这是使他的心安静下来的药方。粗暴的回答只能招来棍棒。压住你的怒气，以免他判你违抗上司罪。你也不必暗自忧伤，他气消后会反过来夸你。如果你说的话是悦耳的，他的心就会接纳你的话。"

总之，在不需要说话的时候保持沉默，在需要说话的时候尽量少说话；一旦说话，就一定要令人信服；说出的话既要对自己有利，又不要有害于他人。这些说话的技巧与艺术，能够有力地避开不良情绪的有害传导，是高情商者必备的提升素质与修养的工具。

仇恨只能引发进一步的仇恨。在这个世界上，只有一样东西能化解仇恨，那就是宽容。

仇恨与宽容的心理解读

——面对擦肩而过的金牌

2004 年雅典奥运会上，在男子单杠决赛中出现了一段小插曲。28 岁的俄罗斯名将涅莫夫第三个出场，他连续进行腾空抓杠，动作难度系数非常大，他出色的表演赢得了满堂彩。但美中不足的是，他出现了一个小小的失误——在落地之时向前挪动了一步。因此，裁判给他打了一个不甚满意的分数：9.725 分。

就因为这个分数，观众开始骚动不安。他们全都站起来，齐喊涅莫夫的名字，同时为了表示对裁判的不满，还发出嘲讽的嘘声。这是奥运史上罕见的场面，比赛被迫中断。而此时，第四个出场选手——美国的保罗，业已准备就绪，面对观众的嘘声，他茫然无措，只好尴尬地站着。

就在这时，大度的涅莫夫站了起来。他深鞠一躬，向观众们致意，感谢他们对他的爱戴和支持。观众们的情绪却更加激动和不满，他们又发出连续不断的嘘声，并做出很多不雅的举动。

面对如此大的压力，裁判只好被迫改分。涅莫夫这次得了9.762 分。可是，这个分数依然不能令观众满意，他们嘘声不断，发泄新一轮的情绪。

面对此情此景，涅莫夫再次站了出来。他重新回到赛场，面对观众又是挥臂，又是鞠躬，然后，他伸出右食指，做了一个噤声的手势。他循循地劝慰观众，一定要保持安静，给下一位选手保罗提供一个良好的比赛环境。

正是由于涅莫夫的宽容，中断的比赛才得以继续。虽然在那次比赛中，涅莫夫与金牌擦肩而过，有一点儿遗憾，但他的宽容大度以及出色的表现，却使他成为观众心目中的"无冕之王"。这种聚拢人心的力量是多少战绩和宣传都不能达到的，只能靠宽容的胸襟来获取。

安妮·斯韦钦曾说过："心灵总是具有宽容的力量。"这种力量的强大之处，就在于它能够清除人们心中存有的隔阂、轻视等诸多"白色污染"，从而唤起人们对宽容给予者的崇敬之感。

如果我们选择了怨恨，则只能使不良的情绪在人与人之间越积越深、越传越广，从而蔓延成一种心灵毒素，这不但会使我们的人际关系走向恶化，还会将我们自己的心智弱化，从而产生情绪波动、精神压抑，更严重者，还会钻进怨恨的牛角尖，导致心理与行为反常，甚至丧失理智。

怨恨的心理为什么很危险？这可以从人际间存在的冤冤相报所导致的仇恨越来越深这一社会心理效应中得到解释。这个心理效应来源于希腊的一个神话故事，故事中的主角是一位叫海格力斯的大力士。

一天，海格力斯走在坎坷不平的路上，看见脚边有个鼓起的形似袋子的东西，于是，他踩了那东西一脚，谁知那东西不但没被海格力斯有力的一脚踩破，反而成倍地膨胀起来，这激怒了大力士，他顺手抄起一根碗口粗的木棒使劲砸向那个怪东西，想不到，那东西更飞快地膨胀起来，在海格力斯眼前变成了一座大山。海格力斯奈何不了他，正在生气时，一位圣者来到他面前，对他说："朋友，快别动它了，忘了它，离它远去吧。
它叫怨恨袋，你不惹它，它便会小如当初；你若侵犯它，它就
会膨胀起来，与你敌对到底。"

怨恨正如海格力斯所遇到的这个袋子，它在开始时很不起眼，如果
你忽略它，它会自然消失；如果你与它过不去，它会加倍地报复。在人
际交往中，这种现象比比皆是：两人由于误解、猜疑或嫉妒而闹了矛盾，
你若想报复对方，便会加深对方对你的仇恨，于是对方会更加挖空心思
地加害于你；你若再不罢休，对方会更恶毒地报复你，直至你死或是他亡。

这就是著名的海格力斯效应，它的心理学原理是：人际交往中由于
一方给予另一方奖（惩）、恩（怨），另一方就会产生相应的奖（惩）、恩
（怨），交换造就的效应即为人际互动效应。这种交换与互动，可以是积极、
肯定的，也可以是消极、否定的。从社会学的角度来阐释就是：你对我
有帮助，我自然也会帮助你，这是正面的；负面的结果就是，如果你跟
我过不去，我也让你不痛快。

在生活中，遇到摩擦、不快和委屈是常有的事，我们不能抱着以牙
还牙的心态，因为怨恨就像一只气球，越吹就会越大，最后会膨胀到无
法控制的地步。面对怨恨，唯有宽容才可能让其真正消失。

宽容是一个放弃的过程——放弃那些消极的往事和沉重的包袱，甩
开那些紧紧束缚我们前进步伐的东西；宽容意味着新的开始——一旦我
们对他人显示出宽恕的态度，就是从头脑中扫除了那些徒劳无益的念头，
这样，我们就能全身心地投入到历久弥新的生活中去。

宽容和忍让说起来容易，做起来却不简单。没有无缘无故的仇恨，
但凡是需要被宽容的人，一定是做了一些伤害了别人的事情。所以，对
于宽容给予者来说，如何抛开这些伤害给自己带来的不良情感体验，是

至关重要的。

理解他人有不完美之处，有犯错误的权利

金无足赤，人无完人。任何一个人都有自己的优点和缺点，任何一个人也无法保证自己永远不犯错误。人的一生中，都会出现一些行为的偏差，都会在有意无意中伤害到他人，只是有的人犯的错误多，有的人犯的错误少，有的人犯的错误严重，有的人犯的错误轻微。当别人伤害到你的时候，不要忙着还击，应仔细想想，你是否也犯过同样的错误。

得理也要饶人

得理不饶人并不会为你的人脉带来多大的好处，即使你是受害者，在与人发生冲突时，也不要揪住对方的"小辫子"不放。给对方一个台阶下，不但不会让人觉得你软弱，反而会展现出你的广博胸襟。"得饶人处且饶人"，这样行事不仅可以让你在道理上战胜别人，更会让你在情感上也成为胜利者，赢得别人更多的信任和尊重。

感谢伤害你的人

也许，别人对你忘恩负义，让你不去怨恨一时也很难做到，但没关系，你可以慢慢地回想他以往做得好的事情，这至少可以暂时缓解你心中的不满与愤恨。即使你想不出有关他的任何好处，至少他的行为让你更清楚地认识了一个人。即使他让你心神俱伤、精疲力竭，那也是你人生中的宝贵经验与教训。所以，从这一点来说，你也要学会感谢折磨你的人。

在生活中，面对剑拔弩张的紧张时刻，与其让仇恨生发，不如转向宽容。不要背负过去所犯错误的重担，或是被怨恨或其他消极思想所累，放下这些负担，随它去吧！

江海所以能为百谷王者，以其善下之，故能为百谷王。……以其不争，故天下莫能与之争。

细小让步定律

——不争而争的玄机

梁国与楚国是战国时期相邻的两个国家，由于边境摩擦，两国一直互有敌意，各自在边境上设立了许多巡逻和瞭望的哨所。

每逢夏天的时候，两国镇守边境的士兵都会在各自的地界里种西瓜。梁国的士兵很勤劳，经常为地锄草浇水，所以梁国瓜地里的瓜秧长得很好；而楚国的士兵比较懒惰，致使瓜秧又瘦又弱，这让他们感到很没面子。于是，一天晚上，趁月黑风高之时，楚国的士兵偷越过界，把梁国瓜地里的瓜秧全都扯断了。

第二天，梁国的士兵发现他们的瓜地被洗劫，非常气愤，于是报告了他们的长官——县令宋就，请求以牙还牙，也要越界过去，把楚国地里的瓜秧都扯断！谁知，宋就摇了摇头，表示这样做不可行。他想到了一个办法，让士兵从当天开始，每晚去给楚国的瓜秧浇水，让楚国的瓜秧也长得好，并且嘱咐，这样做一定不要让楚国士兵知道。于是，梁国的士兵每晚都悄悄潜入楚国的瓜地，去帮助楚兵浇水。

日子久了，楚国的士兵发现自己瓜地里的瓜秧长势一天比一天好起来，仔细观察才知道，原来是梁国的士兵经常为他们的瓜地浇水。楚国的县令听到士兵报告后，感到既惭愧又敬佩，于是上报楚王。

楚王得知消息后，深感梁国人修睦边邻的诚心，于是特备重礼送给梁王以表心意。结果，就是帮对方瓜地浇水这样一个小小的让步举措，竟修缮了楚梁两国之间长期存在的矛盾，使两国变成了友好邻邦。

让步是一种人生智慧，它可以有效缓解人际情绪冲突，避免或遏制不良情绪的恶性传导。在心理学中，有一个定律叫细小让步定律，指的是做出微小让步便可以很快赢得人心，其有时比做出大的让步还能收到满意的效果。

美国心理学家切可夫和柯里曾经做过这样一个关于微小让步的实验，以证明这个定律。

实验在一种模拟的谈判环境中进行，心理学家分别与三组实验参加者就某个问题进行谈判。

在第一组谈判中，较之实验参加者，心理学家做出了较大程度的让步。

在第二组谈判中，心理学家力图使自己的让步程度和实验参加者的让步程度保持对等。

而在第三组谈判中，较之实验参加者，心理学家做出了微小的让步。

那么，请你猜猜看，哪一组实验参加者更愿意付出较高的代价与心理学家达成这个协议呢？

实验结果表明：第三组中的实验参加者更愿意付出较高的代价去达成协议。

最令人不可思议的是，第一组中的实验参加者看到心理学家做出了很大的让步，反而连低价也不愿意付出了。切可夫和柯里解释认为，这主要是因为在谈判过程中，如果对方突然大幅度做出让步，反而会让人产生怀疑，以为对方开始是故意抬高条件，或者是东西不好。而如果双方在开始的时候僵持不下，最后经过长久的谈判和磨合，一方勉为其难地做出了很小的让步，反而会让对方产生信任感和安全感，更利于双方达成协议。

让步是先施予、后索取的策略。中国有句古话："吃人家的嘴短，拿人家的手软。"一旦一方接受了另一方的好处或是恩惠，就不好意思拒绝对方的一些请求。因为一旦一方得到了原本不属于自己的东西，并且并未对此付出应有的代价，那么就会觉得亏欠对方，心里就会过意不去，所以当对方再提出一些要求时，便不好意思再拒绝了。

让步策略不仅是一种谈判技巧，也是一种生活智慧。因为让步，你成了施予者，他人成了接受者。表面上看，是你吃亏了，但实际上，他人却欠了你一份情，这就为你的人际天平增添了一个有力的砝码。对于存在裂痕的关系，这也能起到一定的修复作用。

当然，并不是所有的让步都能达到之前预期的目的。作为一种高级的交往策略，让步也要讲究一定的技巧与艺术。

让步要在明处

让步与宽容有一点显著的不同，就是让步带有一定的目的性，说得直白一些，让步所"让"出去的东西就是下一步要钓大鱼的诱饵。所以，当你准备启用让步策略时，一定要让对方看得见你的让步，不然很可能陷入"哑巴吃黄连——有苦说不出"的困境。

汉朝时，浙江绍兴有个叫陈嚣的人，就善于将让步让在明处。有一次，陈嚣在城外水边捕鱼，发现有人趁他不注意偷他的鱼。陈嚣既没有大骂偷鱼人，也没有装作没看见，而是追上那个人，把自己的鱼送给了他。那人感到非常惭愧，不肯接受馈赠，并发誓从此以后再也不偷鱼了。

纪伯与陈嚣是邻居，两家篱笆相连。一天夜半时分，纪伯偷偷把两家之间的篱笆拨了起来，故意向陈嚣家那一边挪了一些尺寸，以增加自家的院落面积。陈嚣发现后，再次拨起篱笆，又向自己家这边移了一丈，使纪伯家的院落面积更大了。纪伯看到后，感到很惭愧，赶紧拨起篱笆，不仅把自己侵占的土地全部归还给了陈嚣，而且又将篱笆向自己家这边挪了一丈二尺。

让步程度不能过大

就像前面实验中所展示的那样，如果你的让步程度过大或是无原则地让步，就会让人产生一种防备心理，会对你更加不信任。所以，你的让步程度一定不能过大。如果一次微小的让步效果不佳，你可以试着慢慢地做出多次微小的让步，但是千万不要一味地妥协退让。

渲染、放大你的让步

微小究竟如何丈量？其实并没有一个绝对的指标。最佳的方法就是在你的心理极限和对方的心理极限之间取一个平衡值，然后，你可以"放大"这种让步，渲染你所做出的这个让步的艰难性，让对方知道你所放弃的东西让你付出了很高的代价，以表明你实际上做出了巨大的让步和妥协。虽然，这是一个投机取巧的办法，但是如果运用得巧妙，其效果是非常好的。

适时暗示对方你的需要

你做出让步的目的就是欲达到自己的某个目标，所以，在让步的过程中，你应该尽量明确地告诉对方你想得到什么，这样对方才能积极地回报你。如果你不说出来，就将只能得到对方认为你想要的东西，或者更糟糕的是，你只能得到对方最方便提供的东西。在让步的过程中，你需要注意的是，不要把你的要求暴露得太早或太直接，但也不要太晚或太隐晦。

坚持原则，不要轻易放弃最初的要求

虽然说让步能够让你在一定程度上赢得对方的认可，但是要记住，该让步的时候要让步，不该让步的时候就要坚持原则，绝不让步。如果让对方觉得你最初的条件是很不负责任的，那么当你放宽条件时，对方就可能不把你的行为看作一种让步。相反，如果对方认为你最初的条件是严肃而合理的，你做出的让步就更有意义。

欲擒故纵

在谈话过程中，当你与对方意见不同时，是偃旗息鼓还是挑起新一轮的唇枪舌剑？两者都不是最好的选择。如果你能稍微做出让步，先同意对方的观点，耐心地听对方说完，再阐述自己的观点，也许对方也会慢慢改变态度，从而缓解与你的僵持之势。

《老子》中有这样一句话："江海所以能为百谷王者，以其善下之，故能为百谷王。"意思是说，江海之所以能成百谷之王，是因为它总是处在往低处走的态势。人也如此，倘若我们希望自己能够有所成就，能够

凝聚他人，那我们也必须将心理调整到一个"善下"的状态。"忍一时，风平浪静；退一步，海阔天空"。当你觉得你和某人之间的关系到了无路可走的地步时，不妨以退为进，做出微小的让步，也许会有意想不到的大收获。

如果你想使自己成为积极情绪的传播者与消极情绪的终结者，增强你的吸引力与影响力，那么，请记住：微笑。

吸引力法则

——一张"笑脸"的魅力

一家企业的总经理经常接到员工这样的举报：某某部门经理总是眉头紧锁，这给员工造成了很大的心理压力，导致工作效率直线下降。一份举报还这样写道："2 月 19 日，在部门会议前，由于生产部经理孙香的面部表情僵硬，几名员工等在办公室门外，不敢进入。"

鉴于这样的问题，总经理专门召开了一次中层以上部门经理会议，在会上，他这样宣布：曾经有一份调查显示，"老板不笑，员工烦恼"。职场中领导表情不佳，会直接影响员工的情绪与工作积极性。因此，要求公司内部中层以上的领导干部，在工作中一律保持良好的表情，让整个办公环境拥有一种愉快的气氛。另外，总经理还做出新规定："上班表情不佳，影响部门员工工作情绪的干部，每次扣罚 10 元。"

针对这一规定，许多部门经理感到哭笑不得，也觉得有些强人所难。但无奈，由于牵涉个人利益，许多干部开始有意识地注意这个问题。一段时间以后，不仅部门经理感到让自己微笑起来身心都变得清爽了，而且员工的情绪也大为改善，工作积极性也有了较大提高。

公司的新规定看似有些荒诞,却具有很大的正面效应。在人际交往中,一个人的表情通常扮演着重要的角色。面对一种真诚的、充满热情的表情,与面对一种苦恼的、充满怨气的表情,人们的情绪反应是截然不同的。心理学家曾做过一个实验:在纸上画了如下的两张图。

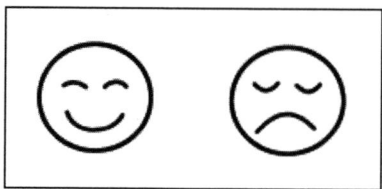

实验结果表明,当盯着左边的笑脸连续看一分钟后,再痛苦的人情绪也会马上得到改善;而当盯着右边的苦瓜脸连续看一分钟后,人的大脑会受到极大的暗示,不管以前多么兴奋,此时情绪也会开始低落。同样,研究人员选择了一些显示不同表情的面孔的图片,包括微笑、皱眉、把脸转到一边或直视观察者等。他们让苏格兰斯特灵大学以及阿伯丁大学的460名受访者看这些图片,然后让他们对这些面孔的吸引力进行评级。结果显示,直视观察者并且保持微笑的面孔最具有吸引力,尤其是异性面孔,这种吸引力更强。

心理学认为"微笑"是"接纳、亲切"的标志。一张笑脸能给人安心的感觉,也就是说当你微笑时,等于告诉对方"我喜欢你""我对你没有敌意"。只要你常微笑着看着对方,对方就会和你产生共情,体会到你的快乐,从而更愿意和你接近。无疑,微笑为你的吸引力加分了。这便是"笑脸"的魅力。

微笑是最有感染力的交际语言,是放之四海而皆准的"人际交往的高招"。用微笑传递良好的情绪,是最好的情绪传导方式。在运用微笑传情达意时,要注意以下几个小技巧。

要相信微笑的力量

微笑往往会给人乐观向上和自信的印象，容易让人产生信任感。因此在微笑之前，你需要相信微笑具有一种感染人的积极力量。富有自信的微笑更能打动人，更能传递出友善的信息。

旅店帝王希尔顿在尚且一文不名的时候，他的母亲就告诉他，必须寻找到一种简单容易、不花本钱却长久有效的办法去吸引顾客，方能取得成功。希尔顿找到了这样东西，那就是微笑！秉持着"今天你微笑了吗"这一座右铭，他成了世界上最富有的人之一。可见，微笑的力量是无穷的。

要笑得自然

微笑是美好心灵的外观，微笑需要发自内心才能笑得自然、笑得亲切、笑得美好、笑得得体。切记不能为笑而笑。

要笑得真诚

人们对笑容的辨别力非常强。一种笑容代表什么意思，它是否真诚，人们凭直觉就能敏锐地判断出来。所以，当你微笑时，一定要富有诚意。真诚的微笑能够让对方心生温暖，引起对方的共鸣，使之陶醉在欢乐之中，从而加深双方的友情。

微笑要看场合

对人微笑也要看场合，运用不当反而会适得其反。如当你出席庄严的集会，或是在讨论重大问题时，面露微笑便不合时宜，甚至可能招人厌恶。当你告知对方一个不幸的消息，或者你的谈话让对方感到不快时，也不应该微笑。总之，微笑一定要分清场合。

微笑的尺度要合适

微笑是向对方表示一种礼节和尊重。微笑要掌握好尺度，如当对方看向你的时候，你可以直视他并微微一笑地点头。当对方发表意见时，你可以一边听一边不时地微微一笑。但如果不注意微笑的尺度，显得放肆、过分、没有节制，就会有失身份，引起对方的反感。

第七章

情绪转移

　　当你将思维过度地专注于某个消极事件时，这种专注的思维便会产生强烈的排他性，即排挤掉其他的思维，尤其是与之相悖的思维。在这种情况下，心理沉迷与情绪沉迷的现象便会发生，使你沉溺于消极事件与消极情绪的泥淖里，从而无法自拔。

　　当你身陷这种境地时，有三种方法可供选择：第一是遗忘；第二是转移；第三是转化。

　　遗忘消极事件与消极情绪是最好的办法，但这一点很难做到，因为一般情况下，能对你的情绪产生强烈刺激的事情，通常都与你的自身利益有很大关系，要很快将它遗忘，是很困难的。

　　当你无法做到遗忘时，没有关系，你还可以利用情绪转移法与情绪转化法。

　　在本章中，我们将介绍几种主要的情绪转移法。有关情绪转化法，我们将在下一章中具体介绍。

行动转移法

——换个事来做

你在糟糕的情绪里沉陷得越久，你的情绪就会越糟糕。立刻行动起来，找到自己感兴趣的事情来做，你会发现自己完全可以战胜糟糕的情绪。

一度低迷的股市行情让老吴的心情有些糟糕。于是，他打算去洗个蒸汽浴。在浴室里，老吴很快结识了一个朋友。然而，交谈不久，这个朋友便开始谈起了股票市场行情，他说短期的浮动倒不至于使人忧虑，更可怕的是再过六个月，股票价格就会跌至很低的水平。

这位朋友的话让老吴感觉更加不爽，于是，他迅速起身离开浴室，去打了一小时网球，又同几个孩子踢了一场足球。大约三个小时之后，老吴又回到蒸汽浴室，看到刚结识的那位朋友依然在那里眉头紧锁，并且一见到老吴又开始罗列忧虑事项。而老吴此时已通过积极的运动平复了心情，那个朋友则始终陷于忧虑的情绪之中。

虽然面对的问题是相同的，但老吴与那个朋友应对问题的态度却是不同的。老吴在面对自己无力解决的问题时，不会选择让这些问题持续地困扰自己，而是通过寻找其他感兴趣的、能使自己快乐的事情来做，从而让自己以积极乐观的态度应对眼前的困扰。而他新结识的那位朋友在这方面就明显差了很多。从根本上来说，两人的区别就在于能否有效地利用情绪转移法来调节自己的情绪。

很多人都有这样的经验,当自己处于情绪困境时,可以通过找点别的事情来做、改变自己行为的方法,使自己的不良情绪得到缓解。这种方法就是行动转移法,是一种行之有效的情绪转移法。

换个事来做,为什么可以影响到人的情绪呢?这是因为事情的改变会带来行为、态度、情绪等方面一系列的变化。

我们的情绪体验包括了五个层面:环境状况、行为、情绪、生理反应、思维。其中思维、情绪、行为和生理反应是作为一个系统发生作用的。在与外界环境状况发生交互作用的过程中,人的思维认知系统、情绪、行为和生理反应都会做出相应的反应,而每一个环节的改变又会相应地影响到其他环节。图 7-1 显示了情绪体验的五个作用要素。

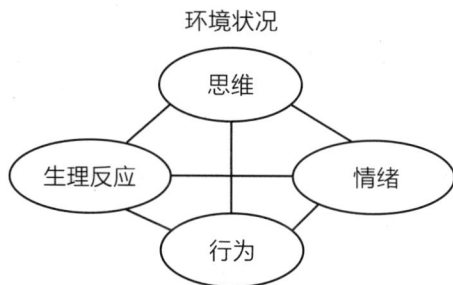

环境状况

图 7-1　情绪体验的五个作用要素

正因为思维认知系统、情绪、行为和生理反应之间相互作用,所以心理学认为:人们要学会理解思维认知系统、情绪、行为和生理反应是相互联系在一起的,只要改变其中一个要素,其他要素自然也会随之改变。

行动转移法正是通过改变人们所从事的事情,以及人们的行为,来影响人们的态度或情绪。不同的事情对于引发人们的情绪作用是不同的,例如,运动会让人兴奋、情绪高涨;看书会让人沉静、心情平和;和朋友交谈会让人心情放松、感觉惬意。当你面临一件事情带给你不良的情绪体验时，尝试换个事情来做，会改变你的情绪状态，使你尽快摆脱不良情绪的困扰。

在运用行动转移法调节自身情绪时，我们需要注意：选择的新行动应能迅速地将我们的积极情绪调动起来。

在这方面，利用运动移情是一个不错的选择。运动可以有效地分散注意力，运动者注意到身体新的感受，便容易将不良情绪的能量发散出去，因此能很好地改善不良情绪，使自己心情愉快。因此，当你陷入情绪郁闷、痛苦，或是情绪激动、气愤之中时，你可以选择从事一项体育运动，如打球、跑步、爬山等，也可以采用传统的运动健身法，如太极拳、瑜伽等，以转移自己的注意力，有效调节自己的情绪。此外，还可以进行适当的体力劳动，如做家务、种植花草等，用肌肉的紧张来消除精神的紧张。

行动转移的具体方法还有很多，可根据不同人的心理、环境和条件，采取不同的措施，进行灵活运用。例如，《北史·崔光传》中说："取乐琴书，颐养神性。"《理瀹骈文》中说："七情之病者，看书解闷，听曲消愁，有胜于服药者矣。"《千金要方》中说："弹琴瑟，调心神，和性情，节嗜欲。"可见，琴棋书画具有影响人的情感、转移情志、陶冶性情的作用。因此，当情绪不佳时，我们不妨听听适宜的音乐，观赏一场幽默的相声或喜剧演出，从而达到移情易性之目的。

另外，情绪转移要主动及时，不要让自己在消极情绪中沉溺太久。立刻行动起来吧，你会发现自己完全可以战胜糟糕的情绪！

别让你大脑里的"兴奋灶"燃烧太久。换个新的环境，不失为转移大脑兴奋中心的一个简单易行的办法。

环境转移法

——控制情境刺激

大学毕业后，峰与梅结了婚。度过了甜蜜期，夫妻生活渐渐变得有些枯燥乏味，特别是随着生活压力的不断增大，妻子梅的情绪与火气也在不经意间"成长"了起来，有时为了一些鸡毛蒜皮的小事，她也会故意挑起二人之间的战火。峰为此很苦恼。后来，峰改变了策略，当梅再发脾气的时候，峰不再如往常一样勃然大怒，以一种"奉陪到底"的精神"唇枪舌剑"，而是迅速穿好衣服，抓起公文包，离开这个"是非之地"，到办公室里工作。这样试过几次之后，峰发现了这种方法的好处：一来使自己可以迅速转移环境，也因此而压下了火气，等准备回家时，自己的心情已经平静了；二来梅似乎也从丈夫的行为中反思了自己的做法，在一些事情的处理上也大度了很多。一段时间以后，两人之间就很少再出现为一件小事闹得天翻地覆的情景了。

躲开回避而不是迎面回击，这种方法在心理学中被称为"环境转移法"，它通过改变外部环境与外部情境刺激，使不良情绪从不愉快的环境中转移出来，从而缓解和淡化来自不良事件的刺激，有利于在恢复良好情绪的状态下理智地处理所出现的问题。

心理学发现，当人处于情绪化状态或陷入心理困境时，大脑中往往会形成一个较强的"兴奋灶"，而回避了相应的外部刺激，可以使这个"兴奋灶"让位于其他的刺激，形成新的"兴奋灶"。兴奋中心转移了，情绪也就缓解了，也就摆脱了心理困境。在转移大脑兴奋中心方面，改变环境便是一个很好的方法，因为人的情绪是具有情境性的，特定的情境常成为引发特定情绪反应的导火索，因此，暂时离开引发情绪的环境和人物，减少环境中容易激起某种不良情绪的因素，增加环境中容易激起某种健康、积极情绪的因素，可能会使人的情绪很快恢复平静。

离开使人产生不良情绪的环境，是环境转移法的核心内容。如发生了伤害事件，悲伤、愤怒、苦恼等情绪不仅于事无补，反而有可能使事态进一步扩大，不良情绪可能会进一步加剧。正确的做法应该是尽快离开发生事件的现场，避开环境、物品等带来的持续不良的刺激。

但仅仅是离开原来的环境还远远不够，因为即使离开了原来的环境，人仍然会免不了胡思乱想，因此，环境转移法还强调在离开原来的环境后，要尽可能地去寻求新的、丰富的，或者说足以唤起另一种性质完全不同的情感的情境与刺激。比如，心情烦躁时，可以选择去咖啡厅、音乐厅、书吧等能够使人心情舒缓的地方；孤独寂寞时，可以选择去交友场所、健身房等能够使人情绪高涨的地方。当人能够在新的环境与情境刺激中获得新的乐趣与新的收益时，过去的苦闷、失落等不良情绪自然会远去。

当然，寻求新的环境与情境刺激也讲求方法，如选择场所的色彩。色彩与人们的生活息息相关，它直接或间接地影响人们的情绪。不同的色彩会诱发不同的心情。因此，在你运用环境转移法时，如果忽略了对色彩空间的选择，将难以收到理想的效果。下面我们来看一下色彩与情绪的一般对应关系。

红色：代表热情、振奋，能使人心跳加快，激发人的精神，但久看易导致情绪急躁或激动。

绿色：代表生机、活力，是一种使人感到葱郁与舒适的色彩，具有镇静神经的作用。自然的绿色还对疲劳、恶心与消极情绪具有一定的舒缓作用。但长时间处在绿色的环境中，也易使人感到冷清，影响胃液的分泌，让人食欲减退。

粉色：代表温柔与甜美。粉色能使人的肾上腺激素分泌减少，从而能镇定与缓解情绪。

黄色：是一种象征健康的颜色，也是光谱中最易被吸收的颜色。它具有双重功能：对健康者发挥稳定情绪、增进食欲的作用；对情绪压抑、悲观失望者发挥加重不良情绪的负作用。

黑色：代表庄重与肃静，对易激动、烦躁、失眠、惊恐者可以起到安神的作用；但对情绪悲观者则会起到加重不良情绪的作用。

白色：代表纯洁与神圣，对易动怒的人可起到调节作用，但精神忧郁者则不宜在白色的空间中久处。

蓝色：代表宁静与想象，具有调节神经、镇定安神的作用，但神经衰弱、抑郁的人则不宜接触蓝色，否则会加重情绪。

在运用环境转移法时，如果能合理地配合选择适当的色彩空间，将能使你更易走出不良情绪的困扰，获得心理学中所说的"移情易性"的效果。

专注地想那些糟糕事，你会陷入思维沉迷与情绪紊乱；如果将注意力转移，你对原来痛苦经历的体验便会被阻断。

注意力转移法

——别往死胡同里钻

燕子曾有过两次截然不同的拔牙经历。在第一次拔牙时，燕子心中有强烈的紧张感与恐惧感。打了麻药后，这种感觉更是难以控制。见到燕子这种情况，医生便和她聊起来："你不用紧张，一下子就好了。我干这个很多年了，刚从美国回来时，就在这里做了……。"医生还跟燕子讲起了自己行医时曾遇到过的一件趣事，燕子正听得入神，忽听医生说道："睁开眼睛吧，已经好了。"燕子心里窃喜，原来拔牙没有那么恐怖！

有了这次的经验，两年后，当另一边的智齿长出来，燕子很快就下决心将其清除。不过这次虽来到同一家医院，却换了一位医生。这位医生似乎较为沉默寡言，只是埋头拔牙。在还未拔出时，这位医生说了一句："坏了，你这颗牙挺难拔的，需要再等一会儿。"听到这样的话，燕子心里越想越害怕，感觉牙更疼了。

同样是拔牙，但效果却不同。第一位医生巧妙地利用了注意力转移法，从而有效地缓解了燕子的紧张情绪与心理压力；而第二位医生沉默的行为以及不良的语言暗示都使得燕子更专注于拔牙的痛苦体验，加剧了其情绪的紧张。

注意力转移法的应用极为广泛，能够对这种方法进行灵活、巧妙的运用是一个人拥有良好情商与智商的表现。当我们长时间将思维与注意力集中在给自己带来不良情绪的事情上时，消极因子就会不断累积，从而使我们钻入思维与情绪的牛角尖；而如果此时，我们能够想办法将注意力从引起不良情绪反应的事情上转移到其他事物和活动中去，让新的思维占据大脑，这种不良情绪体验就会减弱甚至消失。

我们可以通过以下几种途径来运用注意力转移法。

当出现情绪不佳的情况时，把注意力转移到使自己感兴趣的事情上。如外出散步，看看电影、电视，读读书，打打球，下盘棋，找朋友聊天等，都有助于使情绪平静下来，在新的行为中寻找到新的快乐。这种方法一方面可以终止不良刺激源的作用，防止不良情绪的泛化和蔓延，另一方面可以通过实施新的行为来达到增进积极情绪体验的目的。

当出现情绪不佳的情况时，把注意力转移到这件事情的其他方面，即换个角度来看同一件事情。安东尼·罗宾曾说过："注意力会影响我们对于事实的认知，因而我们应当好好控制自己的注意力，免得不小心而被戏弄了。"要想控制注意力，最好的方法便是借助于提出问题，因为脑子会根据你提出的问题寻找有关的答案，也就是说，你寻找什么，就会得到什么。如果你提出的问题是："这个人为什么这么讨厌？"这时你的注意力便会寻找"讨厌"的理由；相反，如果问题是："这个人是否还有好的一面？"这时你的注意力就会寻找"好的"理由。同样是有关对方的一句话，在寻找"讨厌"的理由时，这句话就是坏话，而在寻找"好的"理由时，这句话就是好话。造成差别如此之大的根源，就在一个点上，这个点就是注意力。所以，改变我们情绪最有效且最简单的一种方法，就是改变我们的注意力。

当出现情绪不佳的情况时，可以通过吟诗来转移注意力。试验证明，吟诗能使朗读者通过对诗歌内容的联想，来转移注意力与情绪。据说在意大利的很多药店里，有的药盒中装的不是药，而是由心理学家及文学家共同设计选编的诗歌，其销量甚为可观。

当出现情绪不佳的情况时，数颜色也是一种不错的注意力转移方法。数颜色法是美国心理学家费尔德提出的一种有效转移与调节情绪的方法。其操作过程是：当你不满于某个人或某件事情，从而感到怒不可遏，想要大发脾气，或者陷入其他不良情绪状态时，要尽量快速地停下手中的工作，独自找一个没有人的地方。首先，你要环顾四周景物，然后在心中自言自语：那是一面白色的墙壁；那是一张浅黄色的桌子；那是一把黑色的椅子；那是一个绿色的文件柜……一直默念12种颜色的环境和物体，大约持续30秒。通过数颜色，将你的注意力从引发你不良情绪的事件中解脱出来。

一位哲学家不小心掉进了水里，被救上岸后，他说出的第一句话是："呼吸是一件多么幸福的事。"

比较转移法

——比上不足，比下有余

心理学家组织一批受试者造句。首先规定以"我希望"为开头造句，比如，"我希望我能成为像比尔·盖茨一样富有的人""我希望我能见到我的偶像""我希望自己一夜成名，红遍全国"。然后，心理学家要求这些受试者再以"还好我没有"为开头造句，比如，"还好我没有经历地震的灾难""还好我没有肢体残缺的遗憾""还好我没有被病毒侵害"等。调查结果显示：同样的一批人，在完成"我希望"句式的造句后，心情都会变得比较差；而在完成"还好我没有"句式的造句后，心情则都变得格外好。

人们普遍具有攀比心理，且难消减欲望，这既是社会进步的动力，也是各种不良情绪产生的根源。俗话说："人比人，气死人。"很多人在对比之后平添了诸多烦恼。正如叔本华所说："欲望是痛苦的渊薮。"无节制的欲望与不知足的攀比会遮住人们发现生活之美的视线，以致疏于珍惜当下所拥有的幸福与快乐。过度追求不切实际的，或者说自己无能力争取到的财富与幸福，极易使人陷入各种不良情绪之中。

在当今社会，还有相当一部分人得失心过重，常常会因为一些工作上的小失误而感到沮丧和自责，久而久之产生了焦虑、害怕、紧张、恐惧等情绪障碍。心理学研究发现，人们之所以对自己施加过度的压力和自我责怪，是因为潜意识中存在与他人攀比的心理，失误、不够完美等认知打击了这种攀比心理，从而引发了各种情绪问题。

因此，想要从不良情绪中解脱与转移，需要学会运用比较转移法。这种方法作为重要的心理平衡与养生怡情法，历来为中外哲学家与心理学家所倡导。它既是一种可习而得之的本领，也是一种让你受益终身的人生智慧。

比较转移法中的"比较"并非指攀比。攀比虽属于比较范畴，但其常为贬义，指的是一种视点向上的消极比较行为。而比较转移法中的"比较"则为褒义，是指同等或视点向下的积极比较行为。

以比较转移法来转移情绪的核心在于：无论你现在面临怎样艰难的境地，无论你现在有多么痛苦，想想周遭还有人比你更艰难、更痛苦，与他们相比，你已算幸运者。通过比较，让人们能在痛苦、黑暗之中找到希望之光。常言道："知足常足，终身不辱；知止常止，终身不耻。"意思是知道满足的人可以长期保持快乐，一生都不会觉得羞辱；懂得廉耻的人可以马上停止（不良行为），一生都不会觉得羞耻。可见，一个人只有真正懂得以一种"比上不足，比下有余"的知足心态去应对眼前的是是非非、得失宠辱，才会真正拥有一份恬淡而豁达的心境。

《庄子》记载：古时有一位贤者叫许由，尧帝仰慕其名，想将天下让给他。许由对尧帝说："鹪鹩巢于深林不过一枝。"说完便离去隐居了。许由的意思是说，凡事不必求多，只要其一或者够维持正常生活就行了。其实想想，人生确实如此，对于我们每个人来说，一日三餐得饱，一张床得睡，便可以活得轻松，过得自在，何必自寻烦恼？人生安稳，最关键的就是心态。知足常乐的心态绝对是心灵获得宁静的唯一法宝。

　　法国一家杂志社每隔 10 年做一次有关"你是否幸福"的调查。对比 20 年前的调查结果，调查人员发现一个奇怪的现象：20 年前有 80% 的法国人觉得自己幸福，而在经济危机频发、失业降薪大量涌现、流感肆虐的 20 年后的今天，依然有 80% 的法国人觉得自己幸福。经过进一步跟踪，调查人员发现仍感到幸福的法国人明智地将幸福的标准降低了，开始从基本生活的满足上寻找幸福："依然每天能上班，没有失业，这挺好了。""我爱我的家人，我们彼此理解，相互信任，没有比这再重要的了。""我们已经很幸福了，还有比我们更不幸的人呢。"更重要的是，他们认为："没有不幸，就是幸福。"

　　可见，生活中如能降低一些标准，退一步想一想，和很多境况不如自己的人比一比，和过去状况更不好时的自己比一比，我们就能知足常乐。

自助小贴士

获得心理平衡与安宁的知足常乐诗

人生原无病，患病皆自作。

想想疾病苦，无病即是福。

想想饥寒苦，温饱即是福。

想想生活苦，平安即是福。

想想乱世苦，安逸即是福。

想想牢狱苦，安分即是福。

莫叹自己命不好，还有他人命更薄；为非作歹内疚苦，多

愁多虑病来磨。

　　为人在世一生中，无病无灾应知足；烦恼只为想不开，忧愁都因看不破。

　　本是长寿人，自作命短促。奉劝世间人，知足心常乐。

采用以情胜情法来转移和干扰原来对机体有害的情志，可达到协调情志的目的，此乃历代养生养调养精神之本法。

反向情绪转移法

——以情胜情的心理疗法

　　书生潘琬，仪表堂堂，风度翩翩，其妻尹氏，也是一位美人，夫妻恩爱，情深意切。只是尹氏生性好妒，怕丈夫另觅新欢，潘琬谨守夫人的要求，极力讨好。每当春暖花开时，他总要携夫人前去赏花，还亲自折上几枝海棠花，给夫人插在头上，尹氏甚是欢喜。遗憾的是，几年后，潘琬突然患病身亡，尹氏悲恸欲绝，见到海棠花，更是触景生情，愈加悲伤。她每日茶饭不思，神情恍惚，身体日渐消瘦，虽经多方诊治，服了不少良药，终不见效。最后，她连药也不愿吃了，终日寻死觅活。

　　尹氏有一弟，名慧生，聪明过人，又画得一手好画。他深知姐姐的病是心病，仅靠吃药是无用的。于是，他决意用"心药"给姐姐治病。他画了一幅《行乐图》，内有数十棵海棠树，潘琬与妖艳少女五六人相戏于树下，美女的妖态和戏耍取乐的情景刻画得十分生动逼真，跃然纸上。画好以后，慧生去看望尹氏，询问病情，尹氏悲切流泪，欲语无声。

　　慧生拿出《行乐图》对姐姐说："姐夫在世时，曾在海棠树下玩乐，让我当场画了一幅《行乐图》，他怕姐姐看到生气，叫我为他收藏。现在，姐夫已经去世，该让姐姐知道真相了。今

天我特地将《行乐图》拿来，请姐姐过目。"看到这幅画，尹氏
大怒，她万万想不到自己日思夜想的丈夫竟然背着自己干这种
事情！她越看越气，终于一把将《行乐图》撕得粉碎，并烧为灰烬，
又让人将海棠树全部砍掉。之后，尹氏竟觉得心里舒畅了许多，
从此饮食渐增，睡眠改善，身体也逐渐康复了。

慧生以妙画治病，胜过名医国手，这不能不令人赞叹。赞叹之余，
我们思索慧生治病之法，可以发现妙画只是表面功夫，真正有效的方法
在于治心，而这一方法的根本在于"以怒胜思虑"，通过激起尹氏愤怒的
情绪来排挤、冲淡其原本过剩的思虑、忧愁之情，从而获得体内情绪能
量的平衡，改善心情状态。

慧生使用的这一方法在心理学中被称为"以情胜情疗法"，或反向情
绪疗法，即有意识地采用一种情感行动，去战胜、调整、控制因某种刺
激而引起的另一种不良情绪活动及其所引发的疾病，从而达到改善身心
状况的目的。这种方法起源于我国古代，始见于《内经》，在我国古代有
着极其广泛的应用，是一种独特的心理治疗方法。

这种方法所依据的基本理论，是人有七情，分属五脏，五脏与情志
之间存在着五行制胜的治疗原理。人之七情，本来是正常的心理生理现
象，但七情如变化太过，便会成为重要的致病因素，如《素问·举痛论》
中所说："怒则气上，喜则气缓，悲则气消，恐则气下，惊则气乱，思则
气结。"就是指七情太过对气机的扰乱。"百病生于气也""周瑜因暴怒吐
血身亡""范进因中举大喜发狂""林黛玉因忧郁而死"，这些事例生动地
说明了七情变化太过对健康的危害。

为了矫正变化太过或强度过大的情绪，可以利用不同性质的情绪之
间具有相互影响的特征，依据"以偏救偏"的原理，通过有目的地激发

某种性质的情志变化，选择性地矫正情志太过及其所造成的气机紊乱，使即将被破坏的机体平衡得以恢复，从而防患于未然，这就是以情胜情疗法的机理。

依据《内经·素问》中所言，"悲胜怒，怒胜思，思胜恐，恐胜喜，喜胜悲"，以情胜情疗法主要包括以下几种方法。

以喜胜悲疗法

运用"喜则气缓""喜则气和志达"的原理，通过各种途径使陷入悲痛情绪的人产生喜乐情志，使其心中欢快，重振精神，从而消除悲痛抑郁之情。

清朝有一官员，因年老失势，心情抑郁，不思饮食，后前往叶医师处求医，叶医师号其脉良久，察言观色，详问病史，在处方上写下"月经失调"四字。官员觉得可笑：堂堂名医竟如此糊涂，他一个男人，如何"月经失调"。后一想到这个诊断处方，他就忍不住大笑一阵，随后心情逐渐开朗，饮食睡眠都有好转。一天，他特意去见叶医师，想指出叶医师的疏忽，叶医师高兴地对他说："你的病已经基本上好了。你实际上已经服用了我的药，只是你没有感觉罢了。"

以悲胜怒疗法

运用"悲则气消"的机理，使盛怒者产生悲哀情绪及恻隐之心，以收摄其因怒而发的逆乱之气，使气机降达于平衡，神明回归于清灵，从而有利于身心康复。

下面一则历史故事取材于明代冯梦龙的《智囊》，故事很好地体现了"引发悲怜之情可以制怒"的原理。汉武帝的乳母在宫外犯了法，武帝盛怒之下想处置她，乳母求救于东方朔，东方朔献策的话用今天的语言来描述就是："此非唇舌之争，若你想获得解救，须在将要抓你走之时，不断回头深情地注视武帝，但千万不可说什么，如此或许有一线希望。"那日，乳母来到武帝面前，东方朔也在，他当着武帝的面对乳母说道："你太痴了，皇帝现在已经长大成人了，哪里还会靠你的乳汁养活呢？"武帝听了，面露凄然之色，当即赦免了乳母的罪过。

以怒胜思疗法

运用"怒则气上"的原理，以侮辱、欺罔等言行设法激怒因思虑过度而气结、因忧愁不解而意志消沉、因惊恐太过而胆虚气怯等属于阴性的情志病变者，促进其阴阳气血的平衡，恢复其心脾神气的功能。据记载，名医华佗曾写信怒骂一位因思虑过度而生病的郡守，使其大怒呕出"恶血"而愈，这便是"以怒胜思"疗法的实例。

以思胜恐疗法

采用"思则气结"的原理，以各种手段引导病人对有关事物进行思考，用以治疗恐惧或惊骇伤肾所导致的精气内却、形神不安的病症，从而达到收敛涣散之神气、调控情志平衡、促进身心康复的目的。这实际上与西方的认知疗法有类似之处。

以恐胜喜疗法

运用"恐则气下"的功能，以适当的手段，使病人产生恐惧心理，收敛耗散的心神，震慑浮越的阳气，以助恢复心神功能。此方法常用来治疗因过喜而致的神气涣散、恒笑不休等病症。《儒林外史》中范进中举后喜极而疯，他平时惧怕的老丈人胡屠户凶神恶煞地打了他一巴掌，范进受到恐吓继而恢复清醒，就是"以恐胜喜"疗法的生动运用。

以上五种以情胜情疗法，均是行之有效的情绪转移法。当你或者身边的人长时间沉浸于某种不良情绪时，不妨利用以情胜情疗法来因势利导，转移不良情绪，调理心情，平衡阴阳，从而将你自己或他人从不良情绪中拉出来，增进积极、健康的情绪体验，以达到身心平衡的目的。

　　当然，虽然以情胜情疗法是行之有效、有着广泛普适性的情绪转移法，但真正实践起来，还要注意不生搬硬套、不千篇一律，否则，单纯拘泥于五行相生相克而滥用以情胜情疗法，有可能会增加新的不良刺激。在实践时，需要我们掌握疗法的精神实质，把握情志对气机运行产生影响的特点，遵循整体气机调整的原则，采用相适应的方法，如此，才能真正发挥其保健身心的功能。

增强正面情绪的强度，抑制过于膨胀的负面情绪，由此达到恢复与平衡情绪衰竭者的内心情绪能量之目的。

情绪枯竭缓解法

——光进来了，黑暗就消融了

年轻力壮的阿建是某报社著名体育记者。很多人羡慕他的职业与名气，但阿建心里有说不出的苦楚。由于职业的要求，他习惯了独立自主，习惯了独当一面，也习惯了背负重任。在每日的奔走忙碌中，阿建逐渐丧失了最初的兴奋，即使是在潜意识状态中，他所选择的能够带走的最重要的三件物品——手机、电脑硬盘、自行车，都是和工作相关的。多年来，阿建已经养成了这样的习惯：不能关机——不能允许自己不在现场；不能失去硬盘——不能将多年的心血毁掉；不能离开自行车——不能让自己丢弃目前唯一从事的休闲运动。

在说起自己的职业经历时，他一股脑儿地用了"三个一"来形容："一个岗位、一份职业、一干就是六年。"阿建说他的工作性质决定了他无法关机，造成夜里经常失眠，老觉得手机在响。最近他火气特别大，原因是稿件交不了，领导脸色不好看，自己心里也窝囊。他觉得自己的脑袋沉沉的，但又像漏了气的篮球，鼓不起劲来。阿建现在感觉强烈的就是"没劲"，说这个词时，他脸上的疲惫让人感受到深深的无奈。

很明显，阿建处在一种情绪衰竭的状态。所谓情绪衰竭，是指个体认为自己所有的情绪资源都已经耗尽，感觉特别累，压力特别大，对工作缺乏冲劲和动力，在工作中会有挫折感、紧张感，甚至出现害怕工作的情况。这也就是我们通常所说的"耗尽崩溃"的状态。不少职场人士，尤其是中高级白领长期处于高压下的紧张状态之中，很容易情绪衰竭。因此，国际权威机构把情绪衰竭列为工作倦怠的诱因及第一大表现。

究其根源，情绪衰竭产生于心理饱和。"饱和"原本是化学术语，指的是将晶体加入水中，当它不能再溶解时，即为"饱和"。而"心理饱和"则是指人们心理的承受力达到了不能再承受的程度，人们常说的腻歪、厌烦，就是指这种状态。

心理饱和的现象在生活中几乎随处可见，而且多为负面效应。比如，员工随着时间的推移以及每天不断重复的劳动而对工作产生厌烦情绪；夫妻天天厮守，彼此之间了如指掌，从而失去了新鲜感，生活显得平淡乏味，从而产生了厌倦情绪；患者因对自己的疾病过分忧虑，产生悲观厌世情绪……这些都是情绪过满易溢的例子。

那些目标高远的完美主义者、工作狂是最容易出现这种问题的人，因为他们一生都在掌控他人与环境，能力超群。他们在行动时目标感极强，精力特别旺盛，对成就的渴望也非常人能及，但过分的投入却更易使人产生心理与情绪饱和。

在情绪饱和的状态下，某种负面情绪过于强大或强烈，会排挤掉其他健康的正面情绪，例如，厌倦感过于强烈，便无法体会到欢乐与喜悦。这种情绪饱和会销蚀我们的精力、热情与成就，让生命的目标也为之折腰，从而导致情绪衰竭，对我们的身心健康产生危害。

对于情绪衰竭者来说，可以采用多种情绪转移法。俗话说："光进来了，黑暗就消融了。"情绪转移通过将积极的、健康的正性情绪引入，增强正面情绪的强度，阻止某一种情绪能量过于强大，使原有的负面情绪得到减弱甚至消除，从而达到恢复与平衡人们内心的情绪能量之目的。

同时，我们还要寻找多种不良情绪的宣泄途径，积极培养生活乐趣。如提高艺术修养，无论是投入地表演乐器，还是入迷地欣赏艺术作品，都能使我们在某种特殊意境中获得乐在其中的情绪。若仍解不开心结，可以请心理咨询师予以指导，或对亲友倾诉。总之，别让心理饱和与情绪衰竭成为我们自己的包袱。

第八章

情绪转化

　　除了情绪转移法，情绪转化法也是我们陷入消极情绪的泥淖时可以选择的有效方法。情绪转化法的核心在于：对消极情绪进行积极的评估，并由此完成消极情绪向积极情绪的转化。

　　正如受人欢迎的积极心理学所倡导的，"以一种积极的心态、积极的视角对人的各种情绪现象、心理现象做出新的解读"。当你能够以一种积极的心态、积极的视角对你已经经历的、正在体验的、未来或有的消极情绪进行评估时，你便能够轻松地摆脱消极情绪的困扰，将消极情绪转化为积极情绪。

在收获无比丰富的生命体验的过程中，如果一帆风顺，我们将失去某些发自内心深处的喜悦。只有穿越黑暗幽深的山谷到达山顶，此时的我们，才会欣喜若狂。

情绪的钟摆效应

——不做"好孩子"又如何

露茜从小就被父母以"好孩子"的标准来教育。那时，每当她对玩具发火时，父母就会立即告诉她："人不能对物体生气。"当她与小朋友发生冲突时，父母更是会立刻制止她："不能对别人生气。"即使当露茜到了青春期，父母也常常教育她："要懂得克制自己，不能使自己陷入心情不好的境地，不能愤怒、不能忧虑，要时常彬彬有礼、心平气和，即使在与他人发生争辩的时候也应如此。"

在这种教育理念的灌输下，露茜失去了很多同龄人应有的喜怒哀乐，表现出少有的冷静与成熟。然而，在这种冷静与成熟的表象之下，露茜心里并不快乐。在日记中，她这样写道："在生活中，我常常感到无能力发怒的压力变得越来越大。虽然我的性格类型令雇主们喜欢，我平和、有礼貌，而且很能干。但是仔细想一下，我很苦恼，因为我常常被雄心更强或咄咄逼人的人欺负。他们故意这样做，我想是因为他们不害怕我。有时，我因对某个同事霸占了有意思的项目，或因跟我开了让我不高兴的玩笑而反复琢磨，心里很不舒服，但是只要一面对他们，我有教养的'好孩子'表现就占了上风，我表现出彬彬有礼，只不过是想与之拉开点距离而已，其实我并非害怕对方的反应，只是当他人进攻时，我感到了自己内心的退缩，于是变得无动于衷，可事后我却感到非常愤怒。都是父母把我训练得太有教养了！"

用一种太过拘束、压抑的"好孩子"标准来规范一个幼童的行为，很可能会剥夺孩子张扬自身个性的权利，使他们的生活失去蓬勃的生机与活力。

遗憾的是，在现代社会的压力之下，在传统观念的束缚之中，很多人渐渐地收敛了自己的锋芒，隐藏了自己率真的个性，学会了"感觉麻木"，建起了自我保护机制。如此一来，对于他人的痛苦，人们越来越没有感觉；而对于欢乐与激情，人们也越来越麻木，对生活丧失了应有的感恩与憧憬之情。

这代表成熟吗？不。这充其量只能算是伪装的成熟。真正的成熟是个性丰富、内心充盈、理性与感性并存、情绪收放有度。真正的成熟既允许欣喜若狂等一切积极情绪存在，也允许悲痛愤怒等一切负性情绪存在，并且，正是由于后者的存在，才让前者显得弥足珍贵。

负性情绪与积极情绪具有同等重要的存在价值。负性情绪反应的强度也会直接影响积极情绪体验的强度。越是能真切地感受到负性情绪的人，越容易深刻地体验积极情绪。心理学中有一个"情绪的钟摆效应"，说的是当人在某一种情绪上削减了反应的强度，其他情绪的强度也会被同样地削减，就像钟摆一样，摆向左右两边的幅度是等距离的。

在生活中，我们常常见到两类人：一类人很感性，爱笑、易悲，情绪波动大；另一类人看似比较理性，对任何事都缺乏强烈的情绪反应，如当别人听到笑话哈哈大笑时，他却说："这有什么好笑的，只不过是一个笑话而已。"当别人因看到电影中的感人情节而落泪时，他却说："这有什么好哭的，只不过是演戏而已。"

有人会有疑问："如果做第一类人，岂不意味着要承担更多的负性情绪？"答案是肯定的，但这并没有关系，因为当我们的生活中充满了喜悦和满足时，我们便有足够的承受力去应对可能出现的负性情绪。不要惧怕负性情绪会干扰到我们的生活，更不要因为惧怕而紧闭心房，转而追求冷酷麻木的处世风格。对于积极情绪我们能充分享有，对于负性情绪我们也有见招拆招的能力，这才是理想的人生活法。

人生中的每一次体验都是一笔宝贵的财富，会让我们拥有更成熟、更快意的人生。不明白这个道理的人，会抱怨人生不如意之事太多，会将负性情绪视为压力、视为负担。而明白这个道理的人，则会不断进步，享受人生，收获自信与快乐。

负面情绪的正面价值

——从柠檬中提取柠檬汁

当你快乐时，深察你的内心吧，你将发现，只有那曾使你悲伤的事物才会带给你快乐；当你悲伤时，再深察你的内心吧，你将明白，事实上你，正为曾使你快乐的事物哭泣。

　　阿丹前两天因为考试没考好，心理上有挫折感。她一直责怪自己平时不够用功，考前没好好准备，考试的时候没仔细看题。她感觉自己低人一等，因而很灰心。于是，她故意远离人群，一个人躲在角落里黯然神伤。

　　洋子把她的朋友小红最为心爱的偶像签名照给弄丢了。小红很生气，但她想：洋子是她最好的朋友，怎么可以对她生气呢？生气是不好的情绪，万一失控怎么办？而且洋子以后也许就不跟她做朋友了，因此，小红对这件事只字未提。虽然如此，小红心里还是有疙瘩，无法再像以前那样对待洋子了。

　　孜孜在演讲比赛预赛中表现不好，如果在第二轮比赛中没有更好的成绩，她将被彻底淘汰，无缘最终的决赛。孜孜感到非常沮丧，但她很快调整了过来。她对自己说："上次没有发挥好只是因为我前一天晚上没有休息好，现在，我完全没必要为下一次的比赛担心，结果如何，不必去管它，但首要的是展现出自己最好的水平，要有这个自信，不能自己把自己打败。"于是，她很快将消极情绪转化为一种放松的心态，重新树立起坚定的信念。结果孜孜在第二轮的比赛中成绩优异，不仅入围了决赛，而且最终夺取了演讲比赛的冠军。

以上三个故事呈现的是对待负性情绪的三种态度与处理方式。第一种是放任型，即当负性情绪产生时，任由其牵制个体的一切思想和行为。这种放任的态度会导致深刻的负性情绪，甚至会引发冲动、极端的行为。第二种是压抑型，即由于对负性情绪感到害怕乃至恐惧，担心自己若感受到生气、愤怒、悲伤、沮丧、紧张、焦虑等情绪，情况会更加糟糕，甚至会产生无法预测的后果，或者认为一个理性成熟的人不应该表现出自己的负性情绪，因此就极力压抑、控制自己的情绪。但是，没有表现出某种情绪，并不表示没有这种情绪，所以原本被引发的情绪仍会间接地影响个体或其人际关系。第三种是积极应对型，即承认负性情绪产生的合理性，允许这种情绪存在并坦然接受之，但并不任由这种负性情绪来控制自己，而是积极应对，冷静分析问题产生的原因，并进一步将负性情绪转化为积极情绪。

第三种处理负性情绪的方式，在心理学中被形象地比喻为"从柠檬中提取柠檬汁"的策略，指的是从坏事中获得教训，或者从痛苦的经历中发现有益经验的方式。柠檬很酸涩，而柠檬汁则很清爽，是很好的佐餐调味品。当面对负性情境与负性情绪时，如果人们能换个角度看问题，就会发现眼前的逆境和痛苦却可能使人获得一次探寻快乐的机会。这是乐观主义者的态度。

"从柠檬中提取柠檬汁"的策略表征了这样一种理念，即所谓的负性情绪很可能是一种高能量的动力和激情，很多人误解了它，进而为它所累。如果能正确地认识并有效地利用它，便可将其转化为强大的动力与积极的情绪。

"从柠檬中提取柠檬汁"的策略可广泛应用于负性情境与负性情绪之

中。一名心理咨询师的做法便体现了对这一策略的良好运用。

　　　　咨询人：昨天我被老板炒鱿鱼了，我感到无比沮丧。为什
么不幸总是降临到我的头上？
　　　　咨询师：这确实是一个不幸的消息。但你有没有想过不用
上班的好处？
　　　　咨询人：有什么好处？
　　　　咨询师：正好你有了一些时间做你自己喜欢的事；正好你
可以潜下心来认真规划一下你的职业生涯与人生旅程；正好你
可以接受各种专项训练。一旦你有了更清晰的职业规划，具备
了更好的专项技能，你就会在一个更高、更理想的工作平台上
施展你的才华。

　　在运用这一策略时，要培养善于从酸涩柠檬中提取爽口柠檬汁的技
能。很多时候，你之所以陷入一系列的负性情绪中，就是因为你将自己
所有的思想都集中在了那些酸涩柠檬身上，而如果你把自己的视线转移
一下，看到黑暗里也有光明，那么，你的心境将会大不同，你也会收获
不同的结果。让我们举例说明一下。

　　有位朋友遇到一些事情，觉得自己被伤害了，因而，他满脑子都是
这样的想法：

　　　　因为上司太严厉了，所以我不开心。
　　　　因为这个产品知道的人太少了，所以我难以推广。

　　现在，让我们运用"从柠檬中提取柠檬汁"的策略来进行一下思想

的"改造"：把句子中的"果"变为反义，再把句首的"因为"二字放在后面，这些想法便变成了：

> 上司太严厉了，所以我很开心，因为……
>
> 这个产品知道的人太少了，所以我很容易推广，因为……

怎么样？在运用这一策略之后，你原有的负性情绪的强度是不是减弱了很多？

合理心理变通法

——失之东隅，收之桑榆

> 顺利只能引导我们走向世界的一端，不幸却能将我们调转方向，让我们看到世界的另一端。

如今已84岁高龄的医学专家钟××（表示某某），精神矍铄，身体康健。然而在十几年前，他曾经历过小面积的心肌梗死，由于发现得早，他很快就康复了。

这次生病让他的情绪一度低沉，直到有一天，他接到在北京工作的表哥的电话，才让他的心情有了根本性的转变。他的表哥在电话中说的第一句话是："祝贺你！"接着又说道："之所以要祝贺你，第一是因为你这个病没有发生在出差途中，可以很及时地到医院就医；第二是因为发生梗死的只是很小一段血管，不是重要部位；第三是因为这件事正好可以给你一个警告：要注意自己的身体了！"

表哥的一席话让钟××的心情变得豁然开朗。他想：对啊，如果不是这次小小的意外给我敲响了警钟，我可能还会像以前那样饮食不规律，工作起来就忘记了休息……如果这些坏习惯都能改掉，这件坏事不正可以变成好事吗？

我们所处的这个世界本身就是一个客观的世界，这种客观性就要求我们运用不僵化的、非绝对的、易变通的思维来认识与应对事物。古代先贤们留下来的"祸兮福之所倚，福兮祸之所伏""失之东隅，收之桑榆""塞翁失马，焉之非福"等哲言与典故，便是这种思维方式的极好体现。

这种思维方式在心理学中也备受推崇。心理学将"合理变通"作为重要的心理调适方法，让个体通过对外部信息接收角度和强度的转换，或对原有心理认知在重组、迁移、升华的基础上予以整合，使外部刺激与心理认知互为进退地实现协调一致，以避免心理矛盾的冲突、激化所造成的心理困境。

在个体面对负性情境或负性情绪时，合理变通是一种对其进行转化，使之朝向积极、健康方向发展的有效方法。在心理学中，合理变通的主要方式可以概括为以下几种。

回避法——转移注意力，耳不听心不烦

回避外部刺激包括客观回避与主观回避。客观回避是指尽可能地躲开导致心理困境的外部刺激。在陷入心理困境时，人的大脑中往往会形成一个较强的"兴奋灶"。回避了相关的外部刺激，可以使这个"兴奋灶"让位，兴奋中心转移了，心理困境也就解除了。主观回避是指通过主观努力来强化人本能的潜在机制，努力忘掉或不去想不愉快的经历，在主观上实现兴奋中心的转移。转移注意力是最简便易行的一种主观回避法。在你感到痛苦愁闷的时候，集中精力动手去干一件有意义的事，自然就回避了心理困境。

转视法——换个角度看问题，不钻牛角尖

并不是任何来自客观现实的外部刺激都可以被回避或被淡化的。但是，任何事物都有积极和消极的方面。同一客观现实或情境，如果从一个角度来看，可能会引起消极的情绪体验，使人陷入心理困境；但如果从另一个角度来看，就可能发现它的积极意义。因此，在审视、思考、

评价某一客观现实或情境时，学会转换视角，换个角度看问题，常常会使令人感到痛苦不堪的心理困境不复存在，从而使消极的情绪体验转化为积极的情绪体验，最终走出心理困境。

升华法——以积极取代消极，变挫折为财富

弗洛伊德提出用心理升华法（简称升华法）将消极的心理能量引导到另外的、社会能接受的、有利于文明的对象上来，并因此而有所作为。所谓心理升华法，指的是运用心理位移，选择一种新的、高层次的、积极的、利于他人和社会的心理认知代替旧有的心理认知，从而改变消极的心理状态，并获取更大的成功。"失败乃成功之母"，寓意就是从失败的消极因素中认识蕴含的积极因素，使之成为个体奋发图强、取得成功的动力和契机。弗洛伊德同时还认为，在所有的心理防御机制中，升华法是最正常也是最富有建设性的。

补偿法——改弦易辙，不变初衷；失之东隅，收之桑榆

人们难免会因一些内在的缺陷或外在的障碍，以及其他种种因素的影响，使得最佳目标动机受挫。这时，人们往往会采取种种方法来进行弥补，以减轻、消除心理上的困扰。这在心理学中被称为补偿法或补偿作用。

一种补偿法是以另一个目标来代替原来尝试失败的目标。如著名指挥家——日本的小泽征尔，原先是专攻钢琴演奏的，在手指受伤后灵敏度受到影响的情况下，他一度十分苦恼，后来他果断地改学指挥，继而一举成名，自此摆脱了心理困境。还有一种补偿法是凭借新的努力，使某一弱点得到补救，并转弱为强，从而达到原来的目标。古希腊有位政治家曾因嗓音小和有轻度口吃，被人认为没有成为演说家的天赋。他下决心练习口才：把小石子含在嘴里练习朗读、迎着大风讲话、沿着陡峭

的山路一边攀登一边吟诗……最终，他不仅脱离了讲话的困境，还成为远近闻名的演说家。

心理补偿是一种让人转败为胜的机制，如果运用得当，将有助于我们拓展人生境界。但应注意两点：一是不可好高骛远，追求不可能实现的补偿目标；二是不要受赌气情绪的驱使。只有积极的心理补偿，才能激励我们达到更高的人生目标。

自慰法——吃不到葡萄说葡萄酸，适度的精神胜利法

《伊索寓言》里讲过，一只狐狸因吃不到葡萄就说葡萄是酸的，因只能吃到柠檬就说柠檬是甜的，于是便不感到苦恼。鲁迅笔下的阿Q，挨了假洋鬼子的揍，以"儿子打老子，不必计较"来自我安慰一番，倒也很快就心平气和了。

将这种方法用于调节心理平衡是非常有效的。当事情已成定局，无法挽回时，我们就该宽慰自己、接纳自己、承认现实，这比垂头丧气、痛不欲生要好上数倍。俄国大文豪契诃夫也是一位对人的心理有着深刻研究的出色的心理医生。他曾为一些因心理不平衡而萌生自杀念头的人写过这样一篇箴言式的短文：为了不断地感到幸福，就需要拥有"事情原本可能会更糟呢"的想法。例如，要是火柴在你的衣袋里燃烧起来了，那你应当高兴，而且要感谢上苍：多亏你的衣袋不是火药库；要是你的手指头被扎进了一根刺，那你应当高兴："挺好！多亏这根刺不是扎在眼睛里。"这种方法也被称为契诃夫法则。

在生活中，如果你能熟练而正确地运用这种理性的自慰法，就可以化解不少心理障碍，从容应对人世间诸多的灾难和痛苦，保持一颗平静、安详、快乐的心。

幽默法——用自嘲的方式化解自身的困境与情绪

据说，古希腊大哲学家苏格拉底有一位脾气暴躁的太太。一天，苏格拉底正在与客人谈话，太太突然跑进来大闹，并随手将脸盆中的水泼在苏格拉底身上。这种局面太尴尬了，相信每一个稍有血性的男人都无法忍受，然而苏格拉底只是笑了一下，随后说道："我早知道，打雷之后，一定会有大雨。"一言解困。很多时候，我们运用自嘲等幽默的方法可以很好地化解矛盾与冲突。

痛苦让你觉得苦恼，是因你惧怕它、责怪它；痛苦对你紧追不舍，是因你想逃离它。

接受与实现疗法

——接受痛苦，寻找自我

　　黑兹在成为专业心理学家之前，曾是一名深受心理疾病折磨的患者。在他29岁那年，他以美国北卡罗来纳大学助教的身份参加了一次会议。当他想发言时，却发现自己居然一句话都说不出来。面对着会场上所有人的目光，他只能徒劳地开合着嘴。那是他第一次发病。

　　这一症状随着会议的结束自然消失了。然而，在几天后的一次会议上，同样的情况再次发生。而且，更为糟糕的是，这种状态在接下来的两年里反复出现，而且越来越频繁。黑兹完全被击垮了。在他31岁那年，他已经无法正常说话，不敢坐电梯，不敢去电影院，也不敢去餐馆吃饭。这也大大影响了他的教学工作，上课时，大部分时间他只能让学生们观看投影，可就连放投影这个简单的动作，他也会因双手颤抖而无法完成。

　　如今，已过花甲之年的黑兹早已摆脱了这种痛苦，并成为心理学专业的领军人物。能取得今日之成就，得益于他所创立并致力于推广的新理论——"接受与实现疗法"。

　　"接受与实现疗法"，简称ACT疗法。这种疗法的思想认知是：幸福并不是人生的常态，人总是会遭受痛苦；而且，当人们竭力想控制自己的思维时，很难去考虑生命中真正的大事，反而会反复地关注伤口，企图治愈伤口，这只会让人更难从痛苦的泥潭中爬出来。因此，不要跟负面情绪抗争，不要回避痛苦，不要躲避伤害，而应将其作为生活的一部分来接受，然后专注于确立我们的价值观并竭力去实现它。

黑兹所创立的 ACT 疗法是一种不同于认知疗法的新理论。认知疗法强调要迎头痛击消沉思想，并最终改变它。而 ACT 疗法则强调要愿意接受消极情绪，由此才更容易找到生命的真正价值所在，并坚持向这个方向发展。二者之间的不同，可用以下例子来说明。

有个人脸上长块黑斑，她想："这块黑斑实在太难看了，我羞于见人。"或"要面对这么多的观众，我可不敢出席这样的会议。"认知疗法会这样引导她：你脸上的这块黑斑其实并不难看！即使面对这么多的观众，你也不必紧张！依靠这种方式，心理医生帮助对方建立更实际的想法。然而，ACT 疗法不会试图去肯定或否定人的想法："脸上的黑斑难看？也许是这样的，但也许根本就没有人会在意你脸上的这块黑斑，也许有人还会觉得瑕不掩瑜。"总之，ACT 疗法会引导人去接受这样的现实，然后找到更有价值的关注对象与关注目标。

具体来说，ACT 疗法有两大步骤。

第一步：接受并减弱消极心理力量

当我们试图赶走痛苦时，有时可能会适得其反，它反而变成了一种折磨我们的力量。因此，我们应该承认消极的思想会伴随我们的人生旅程，与其试图赶走它们，不如先接受它们，然后集中精力追寻我们自己想要获得的人生价值。由此，ACT 疗法所倡导的不是试图挑战我们所遇到的种种消极心理，而是试图减弱这些消极心理的力量。

第二步：找到个人生存的更高价值

通过找到个人生存的更高价值，扩展、强化积极情绪，以达到改变身心状态、提升生命质量的目的。这是 ACT 疗法最为重要的步骤，也是其核心内容。

例如，ACT 专家会建议求助者通过写墓志铭的方法找回自信。他们还会让求助者自己定义什么是好家长、什么是好员工，让他们意识到人生中有哪些事情是必须要完成的、如何度过周末以及怎样追寻自己的信念。这些建议的目的并不是用各种各样的活动塞满日程表，而是让人意识到自己所追求事物的目的与意义。比如，你喜欢钓鱼，那是因为钓鱼时你可以和家人共度美好时光，可以置身大自然，或者可以享受独处的惬意。总之，找出所有关于钓鱼对你个人的一切意义所在，以此建立积极的信念与情绪，从而达到改善身心状态的目的。

ACT 疗法在实际生活中表现出了广泛的适用性。例如，它能够帮助人们成功"去瘾"。ACT 先鼓励"瘾君子"接受他们需要毒品的事实，同时让他们搞明白一旦戒毒后将给他们身心带来哪些影响，然后再帮助他们领会除了从毒品上获得安慰和满足，人生还应该怎样从积极的追求中获得成就感。研究结果表明，"瘾君子"一般经过 12 步 ACT 治疗后，对毒品的依赖性会明显减轻。同时，这一疗法还可以用来帮助那些患有慢性疼痛病的患者。

最引人注目的成果来自 2004 年的那次实验。当时，南非有 27 名癫痫症患者接受了 9 小时的 ACT 治疗，之后他们病症发作的频率明显低于那些仅接受普通安慰剂治疗的患者。对于这一"奇效"，黑兹认为，这与人们学会将自己的挣扎——甚至疾病发作——看作自身生命中完整而正当的一部分有关。

鉴于 ACT 疗法所取得的不俗成绩，它已成为继行为疗法、认知疗法之后，美国又兴起的第三种新的心理疗法。目前，美国已有几万名心理专业人士接受了 ACT 疗法的培训，黑兹的理论在世界几十个国家都有追随者。

态度就像磁铁，不论我们的思想是正面的还是负面的，我们都受到它的牵引。而思想就如轮子一般，使我们朝着一个特定的方向前进。

思维决定情绪

——培养积极的利导思维

艾伦陪同丈夫到沙漠里工作。这是一段艰苦的时光：高温、孤寂，让艾伦非常难过。于是她写信给自己的父母，说想要抛开这里的一切回家去。不久后，她接到父亲的回信，内容很短，只有简单的两行字："两个人从牢中的铁窗望出去，一个人看到了泥土，另一个人却看到了星星。"

艾伦不由得心头一颤，她明白了父亲的良苦用心，惭愧之余，她决定要在沙漠中找到星星。于是，她开始研究那些让人入迷的仙人掌和各种沙漠植物，又深入探讨和学习有关土拨鼠的知识。她还对当地人的纺织、陶艺产生了兴趣。一有时间，她还会找当地居民一起去观看沙漠日落，也着手寻找几万年前这片沙漠还是海洋时留下来的珍贵海螺壳。艾伦的生活发生了翻天覆地的变化，一个曾经令她难以忍受的不毛之地如今却变成了让她感到兴奋和流连忘返的地方，她很享受这一经历。

思维决定情绪。负性情绪大多是由不健康的思维所引致的。面对同一件事，有些人会陷入糟糕的情绪状态甚至无法自拔，而有些人则会泰然处之，甚或以昂扬的精神斗志去对抗。人们之所以会出现这两种不同的情绪状态，原因就在于运用了不同的思维方式。

当人们面临对自己不利的负性情境、困难、挑战和压力时，常会采取两种截然不同的思维方式——弊导思维与利导思维。弊导思维指的是，在遇到困难、挫折时将自身的主导思维活动指向令人恐惧、消沉和可能导致失败的事物上。利导思维指的是，以积极的心态从相反的方向考虑问题，使人的心理和情绪发生良性变化，得出完全相反的结论。

心理学将利导思维的心理调节过程称为反向心理调节法。例如，桌子上有半瓶酒，弊导思维的人可能会叹息："糟糕！只剩下一半了。"而利导思维的人则会高喊："太好了，还有一半！"

利导思维是一种乐观的思维方式，反映出一个人拥有积极向上的生活态度。经常运用利导思维对人有很多好处，一是可以使人产生积极的情绪体验，从而有利于应对各种负性情境与负性情绪，战胜困难与挫折；二是有利于身心健康；三是有利于搞好人际关系。

那么，怎样培养利导思维呢？心理学家指出，训练与培养利导思维可以从培养肯定性思维、感恩式思维、开放式思维、乐观性思维、可能性思维这五大思维方式着手。

凡事都要用肯定性思维

肯定性思维的要点包括：相信好的结局；坏的事情，总有好的一面；逆境也可成顺境；黑暗中隐藏着光明。肯定性思维是利导思维的一项核心内容。

浅野一郎曾是日本的水泥大王。他在年轻的时候穷困潦倒，于是决定去东京谋生。初来乍到的他，在东京遇到了很多困难，一度吃不饱穿不暖。一日，他饥渴难忍，在街角处看到有卖水的，旁边有人在抱怨："东京这个鬼地方真不适合人生存，连水都要花钱买！"浅野一郎听后却感觉心头一震："东京这个地方居然连水都能卖钱！我在这里生活下去绝对不成问题。"怀着这样心态的浅野一郎从此走上了创业之路，并在日后成为日本大名鼎鼎的水泥大王。

"水居然都要花钱买"和"水居然都能卖钱"，这是两种截然不同的思维：前者是对眼前现实的否定，并进而对个体自身的理想进行了否定；而后者则是对眼前现实的肯定，并在肯定之下发现商机，从而成就了个体自身的理想。肯定性思维对于个体实现目标有着积极的导向意义。

摒弃抱怨，引入感恩式思维

有一个盲人性格十分开朗。有人曾问他："眼睛看不见了，你不感到痛苦吗？"盲人回答说："我痛苦什么呢？和听力不行的人相比，我的听力很好；和不能说话的人相比，我能自由交谈；和行动不便的人相比，我能随时行走。我已经很幸福了！"

对于自己的困境，不抱怨，心怀感恩，这种思维方式将赋予个体战胜不利条件的积极力量。

破除思维定势，培育开放式思维

在过去经验的影响下，很多人会形成思维定势。思维定势是一种惰性思维或封闭性思维，它缺乏灵活性和变通性，更不具有前瞻性，极易对人形成误导和束缚。"一朝被蛇咬，十年怕井绳"，就是这种思维模式的写照。因此，要实施利导思维，就必须先消除思维定势的消极影响，更新固有的分析和判断事物的模式，培育多角度的、开阔的、创新的思维方式。

改变认知，确立乐观性思维

乐观思维与利导思维有着本质上的一致性，它们在面对个体无能为力的情况时，都会改变自身认知，忽略对自己不利的因素，重点关注有利的方面，进而实现心态与情绪的好转。

有一位老太太养了两个儿子，大儿子靠卖伞为生，小儿子靠晒盐为生。为了两个儿子的生计，老太太天天愁眉苦脸。每逢晴天，老太太便念叨："晴天雨伞可不好卖哦！"于是为大儿子发愁；每逢阴天下雨，老太太又嘀咕："这阴天下雨的，盐可咋晒？"于是又为小儿子发愁。一来二去，老太太变得愁苦不堪，面容日渐憔悴，让两个儿子不知如何是好。后幸遇一位智者对老太太说："晴天好晒盐，你应该为小儿子高兴；雨天好卖伞，你应该为大儿子高兴。只要你转念想想，不就不发愁了吗！"老太太照此行事，果然不再感到愁苦，身体也日渐好转。

坚信自己能够做到，确立可能性思维

不要让"我不行"的思维方式与负面暗示影响你，要尽可能确立可能性思维，其要点包括：承认自己的不足，但坚信通过各种努力后自己不会比任何人差；确信自己是最棒的；有效运用积极的潜意识。

以上五种思维方式是利导思维的具体体现。这些思维方式一旦形成，将真正有助于个体走出负性情绪的迷宫，并有可能将负性情绪转化为积极情绪或积极行动的力量。

不要让过去的不愉快和对将来的忧虑像强盗一样抢走你现在的快乐。

活在当下

——培养积极的情绪情感体验

　　李琴几年前将自己位于北京市朝阳区的一套房子卖了。不料，之后房价以惊人的速度猛涨，她卖掉的那套房子按照现在的市价可以多卖上百万元。李琴想：若有这100多万元，儿子的教育经费岂不是不用发愁了？这么一盘算，李琴便多了一块心病，别提有多后悔了。她见到熟人就会念叨这件事情，越念叨越导致她的心情每况愈下，以致后来严重影响到她的生活——几乎整夜失眠。仅仅半年时间，她的体重就降了10斤，人变得憔悴不堪。

　　深陷于过去不可挽回的事情之中而不能自拔，这在心理学中被称为"沉没成本谬误"。假设你花了60元买了一张今晚的电影票，不想临出门时突然下起了大雨，这时你该怎么办？如果你执意要去看这场电影，你可能面临因淋雨而感冒的风险；如果你不去，你会损失60元，也许还会错失电影的精彩。

　　生活中，我们常常会面临这些看似难以做出决断的两难困境，不过如果你深入剖析一下，就会发现一个规律：一方面是无可挽回的损失，另一方面是为挽回损失而进行的更大的成本投入。相信你会很容易在两者之间做出选择：对于无可挽回的损失，我们根本就不该再投入成本。

回到看电影这个例子。很多人因为不愿意浪费电影票钱，还是会选择去看那场电影。这种对"浪费"资源的担忧，便是"沉没成本谬误"。深陷这种"沉没成本谬误"，会对一个人的情绪产生极大的负性影响。心理学家研究证明，很多人心情郁闷，不是因为他们此刻正在经受什么事情的折磨，而是因为他们沉浸在过去一些郁闷的、无法挽回的事情中不能释怀，或者是对不确定的未来充满焦虑。

如何克服这种"沉没成本谬误"及其所带来的负性情绪呢？心理学家埃克哈特·托利一语点中要害——活在当下，培养积极的情绪情感体验！

"活在当下"，是一种全身心地投入人生的生活方式。当下，是过去与现在的连接点，是你现在正在做的事、正在生活的场所、正在一起工作的人、正在面临的处境、正在拥有的心情……活在当下，就是要你把关注点集中在这些人、事、物上面，全心全意、认真地去接纳、品味和体验这一切。

为什么要活在当下？因为当下是最宝贵的事物。首先，因为它具有唯一性，也是你能拥有的一切。你的整个生命就是在这个永恒当下的空间之中展开的，而这个永恒当下也是唯一不变的常数，生命就是当下。其次，当下是唯一能够带领你超越心智局限的切入点，它让你可以进入无时间性且无形无相的本体范畴。

卡耐基曾说："明天的重担加上昨天的重担，必将成为今天的最大障碍。要把未来像过去那样紧紧地关在门外……未来就在于今天。"真正能够把握今天、活在当下，充分汲取当下力量的人，便能够不被过去所拖累，不为无法挽回的事情而悔恨，不为未来而焦心，能做的是将全部身心的能量都集中在此时、此地、此事之上。具有这种品质的人，他的生命会迸发强烈的张力与热情洋溢的活力。

　　有一个青年特别喜欢收集漂亮的琉璃，一旦碰到样子特别的琉璃，无论花多少钱，他都要想方设法地买下。有一天，他在跳蚤市场发现了一款稀有的琉璃貔貅，便花了很高的价钱把它买了下来。

他把这个宝贝放进包里，便兴高采烈地走上了回家的路。谁知由于小偷用刀划破了包，琉璃"咣当"一声从包里滚落到地上，并摔得粉碎。这位青年居然连头也没回，继续向前走去。

这时，有路人对他大声喊道："小伙子，你的东西摔坏了！"青年仍然头也没回地大声回答道："对摔碎了的东西我没必要停下脚步浪费时间！"不一会儿，他的背影便消失在人群中了。

"不为打翻的牛奶哭泣""不为摔碎的琉璃叹息"，这是一种以释然的胸怀从容应对生活的气度，更是一种接纳当下、活在当下，以超然的态度驾驭当下的本领。

活在当下，是培养积极的情绪和情感体验的基础。活在当下，人的心灵是宁静的，是没有喧嚣与纷扰的，是没有欲望与奢求的。在这种状态下，人更容易看清生命的本质、生活的要义，更容易与当前的现实融合，真正地对现实世界表现出新奇，对自己的心理状态保持充分的觉知，也更容易在内心深处保有坦然、喜悦、满足等积极情绪。

如果我们眼前的工作不含有让我们感觉轻松或愉悦的成分，并不意味着我们一定需要改变工作内容，也许我们只要改变工作方法就足够了。"如何"始终都比"什么"重要。

当我们尊重当下的时候，所有的不快乐和挣扎就都可能瓦解，生命开始泛起喜悦和轻松的浪花。当我们的行动出之于当下的觉知时，不管我们做什么，都会为其注入一份质量、关怀和爱——即便是最单纯的一个行动也不例外。

自我突破的能量与自我限制的能量共同存在于内在的意念力之中，并接受着内在意念力的指引。

神奇的意念"魔力"

——你相信什么，就能得到什么

　　在比利时的列日大学附属医院里，医生们用"催眠麻醉术"成功地为一名 60 岁的老人摘除了身体左侧皮下的脂肪瘤。在开刀时，医生未给病人施用任何麻醉药剂，只是在一名女士的语言暗示下完成了切除、缝合的整个过程。但老人在一小时的手术中，竟没有感到一点疼痛。自 1992 年引进催眠麻醉术以来，这个医院已有 4300 多名病人接受过这种状态下的手术。采用此种麻醉方式的原因不仅仅是其副作用小，更主要的是患者刀口部位的出血量也少。

　　这一实验只是科学家们为"探求意念的力量"所进行的不可思议的无数实验中的一个。其他的实验还包括利用意念力治疗哮喘病，运用虚拟空间减轻被严重烧伤患者的疼痛，用意念假想自己用一个小手指去推动一件巨大的重物，利用语言暗示改变人的心理、行为以及身体的生理机能等。

　　通过这些不可思议的实验，科学家们以不可辩驳的事实证明：人类具有一种非物质的意识力，它确实能影响物质的变化。这种非物质的意识力，也称意念力，它具有无所不在的神奇魔力。意念力是于 19 世纪由费朗兹·安乐·梅滋默最早发现的，并于 20 世纪在医学界等领域被广泛使用于催眠术，称为梅滋默氏催眠术或暗示。据有关资料显示，催眠术不仅可催眠、止痛，还可使人受伤、致病。当施术者暗示一枚普通的硬币放在手上会烫伤你时，几分钟后你就会发现手上放置硬币的部位出现了巨痛感及被真正烫伤才能产生的水泡。而更加不可思议的是，当施术者暗示你的手上放了一块冰后，很快你的手上就会出现被冻伤的痕迹。但需要说明的是，以上症状并不适用于每一个人，一般来说那些易受周围环境影响的人，以及有抑郁情绪、性格内向的人才更容易接受暗示。

意念力是大脑作用的一部分，是一种携带大量信息的特殊能量。在国外，意念力也被称为超感觉力或第六感。弗洛伊德将人的意识分为意识与下意识两个部分。前者分量很小，它仅代表人格、外表。后者分量很大，在它里面隐藏着巨大的潜力。瑞士心理学家荣格又将弗洛伊德的下意识分为浅层个体无意识和深层集体无意识两个部分，但在无意识里储藏着种系发展进程中的大量信息，而这个无意识就是我们所说的意念力。

虽然意念力具有神奇的魔力，但其功能具有两面性，作用可以是积极的也可以是消极的。积极的暗示可以帮助被暗示者稳定情绪、树立自信心、战胜困难和挫折，赋予人们自我突破的巨大力量；而消极的暗示则只能起到相反的作用，赋予人们的只能是自我限制与自我毁灭的力量。因此，人类自身所具有的自我突破的力量与自我限制的力量同时存在于意念力之中，并接受着这种意念力的指引。

如果个体陷入了消极心理暗示的恶性循环之中，那么需要做的便是尽可能地将这些消极心极暗示排除掉，其方法是：改变对原先事物的定义和认识，化消极暗示为积极暗示。

因迷信的原因，有些人给新车上牌照时对"4"这一数字非常排斥。一次，有人在加油站看到一辆卡车，车牌号后几位数字是"44444"。那人大惑不解，便问车主："为何用如此不吉利的号码？"车主乐呵呵地回答道："你只知其一，不知其二。在乐谱里，4的发音是发，我的车号应该读为'发发发发发'！"

这位车主没有落入消极心理暗示的泥沼，可谓善于将消极心理暗示转化为积极心理暗示的楷模。

无论遇到什么样的事情，如果我们能有意识地运用积极心理暗示的作用，就可以对我们的心理、行为、情绪产生一定的积极影响。积极心理暗示的方法从实质上来说，是通过运用自我激励式的语言，将积极的思想意识潜移默化地注入我们自己的头脑中，随之激发乐观的心境与意识。我们经常说的"我一定能行""我可以做出来""失望只是暂时的，我会很快好起来""加油，马上就成功了""我喜欢别人是因为别人也喜欢我""我还是很漂亮的"等话语，就体现了这种方法的实际运用。

在进行积极心理暗示时，需注意以下要点。

选用那些简短、具体、直接、肯定的语言，同时用鲜明的图像化方式来加强自我暗示的效果

例如，备考的学生常常会出现焦虑、紧张、烦躁、恐惧等心理问题。此时，可以利用积极心理暗示的力量。当你进入考场时，大脑可以先回忆一下曾让你感到最自豪、最愉快的事情的场景，或者想象一下自己取得好成绩后的成功场面，场面越鲜明、越生动就越好。这种想象会振奋你的精神，提升你的自信，有助于考出好成绩。

持之以恒，经常、反复地运用积极的、自我激励式的语言

偶然的、不坚定的积极心理暗示难以达到预想的效果，反复的、经常性的积极心理暗示则如同锤子不断敲打钉子，会将这一思维模式筑牢在我们的潜意识中。

很多公司的销售员在每日清晨上班后做的第一件事，就是聚集在一起，然后热烈地齐声高喊："我们是最棒的！我们会大有作为！我们将以饱满的热情迎接阳光明媚的一天！"接着还一起开怀大笑，相互击掌鼓励。然后，大家分开，回到各自的工位上去，开始投入自己的工作。这是遵照积极心理暗示须反复练习的要求而实施的规定动作，最终的目的是实现高销售额。

积极心理暗示能否成功，很大程度上取决于个体能否坚持反复练习。因此，你可以利用每一个机会来加强这种暗示。如早上醒来时，抽出几分钟的时间给自己加油；独自沉思时，利用几分钟的时间想想自己的暗示语，在心中默念几遍；你还可以运用录音催眠法，将选好的暗示语录下来，每晚睡觉前听几分钟。这是一项需要平心静气、潜移默化开展的心理运动，长期坚持终会取得理想的效果。

第九章

情绪体验

　　在你学习了前面几章的内容与方法之后，你可能依然会与情绪问题不期而遇，对此你不必失望。情绪的修炼原本就是一件需要持之以恒的事情，而且，或许你还缺少一项关键的技能——情绪体验。

　　情绪体验的核心在于：不要惧怕任何情绪的来临。对于每一种"降临"到你身上的事情与情绪，保持一种坦然与接受的态度，并用智慧去和它们周旋。无论事情有多么棘手，无论找上门来的是焦虑、压力还是愤怒、抑郁，都没有关系。只有体验了，你才会经受洗礼；只有体验了，你才会获得真正的心灵成长。

自测题：我是如何应对焦虑感受的

针对以下每一项事例，挑选出最合适的数字选项来评价你的日常行为，以及其在多大程度上能够帮助你减轻焦虑的感受。

1. 我告诉家人和朋友，我自己有太多的需要，也希望获得更多的支持。

从不				经常
1	2	3	4	5

没有任何帮助				非常有帮助
1	2	3	4	5

2. 我告诉自己，我应该能够解决我所遇到的任何问题。

从不				经常
1	2	3	4	5

没有任何帮助				非常有帮助
1	2	3	4	5

3. 我读博客文章或看电视节目，它们激励着我去思考改变一种不健康的行为。

从不				经常
1	2	3	4	5

没有任何帮助				非常有帮助
1	2	3	4	5

4. 经过了多次尝试但没有实现改变，我对自己很失望。

从不 经常

1　　　2　　　3　　　4　　　5

没有任何帮助 非常有帮助

1　　　2　　　3　　　4　　　5

5. 我通过诸如旅行、绘画或看电影来表达或经历我的感受。

从不 经常

1　　　2　　　3　　　4　　　5

没有任何帮助 非常有帮助

1　　　2　　　3　　　4　　　5

6. 我用烟、酒精或垃圾食品来充实我的感受。

从不 经常

1　　　2　　　3　　　4　　　5

没有任何帮助 非常有帮助

1　　　2　　　3　　　4　　　5

　　上述自测题的目的，是帮助你判定你是否在更直接和有效地（或更间接和无效地）应对焦虑的感受。当你进行这项自测的时候，我们鼓励你去思考压力，以及它（们）是怎样时常将那么多的需要压在你身上，而你并没有足够的资源去满足这些需要的问题。

跟焦虑说再见

——忧心忡忡为哪般

在撒哈拉大沙漠，生活着一种土灰色的沙鼠。每当旱季到来之前，这种沙鼠就要囤积大量的草根，以准备度过这些艰难的日子。因此，这时的沙鼠会忙得不可开交，在自家的洞口上进进出出，满嘴叼的都是草根，辛苦的程度让人惊叹。

但有一个现象很奇怪，当沙地上的草根足以让沙鼠安然度过旱季时，它们仍然在拼命工作，必须要将更多的草根咬断，运进自己的洞穴，仿佛只有这样才能心安理得，否则便焦躁不安。

而实际情况是，沙鼠根本用不着这样劳累和过虑。经过研究证明，这一现象是由一代又一代沙鼠的遗传基因所决定的，是出于一种本能的担心。因此，沙鼠所干的事情常常是相当多余又毫无意义的。

以沙鼠之行为反观人类，你是否发现人类与沙鼠之间存在某些共性？尤其是当人们陷入焦虑的状态时，不也在做着一些相当多余而又毫无意义的事情吗？

焦虑已成为现代人的一种生活常态：妈妈担心孩子考不上好学校，大学生担心毕业后找不到工作，白领担心"35岁现象"，运动员担心比赛时水平不能正常发挥，恋人担心对方变心，等等。这些都属于我们人类常见的一种情绪状态——焦虑。

按照心理学家的观点，焦虑是指一种缺乏明显客观原因的内心不安或无根据的恐惧，是预期将面临不良处境而生发的一种紧张情绪，表现为持续性的精神紧张（紧张、担忧、不安全感）或发作性的惊恐状态（运动性不安、小动作增多、坐卧不宁、激动哭泣），常伴有自主神经功能失调的表现（口干、胸闷、心悸、出冷汗、双手震颤、厌食、便秘等）。可以说，焦虑是一切心理疾病的罪魁祸首之一。

人在焦虑时，一定会有不合理的思维存在，而正是不合理的思维维持着精神的紧张和身体的不良反应。也可以说，不合理的思维是焦虑的本质。

导致焦虑产生的不合理的思维主要是：无根据与过分看重。比如说，孩子晚回家，妈妈焦急万分、坐卧难安。这是因为，妈妈在孩子晚归时，会假想出现许多恶性的结果，并由此产生事态非常严重的感觉。虽然她也知道孩子可能根本没有什么事，但她总感觉孩子不安全，虽然万一的事情并没发生，但她却明显地已经体验到了事情已然发生的真实感受。

人在焦虑时，不仅会过分看重引发焦虑的事件，而且会过分看重焦虑的感觉，从而有意无意地想方设法去消除这种感觉。但心理问题具有逆反性规律，越想消除焦虑，焦虑的感觉反而越强烈，结果便是陷入恶性循环。失眠症患者即是如此，他（她）越担心睡不着反而就越是睡不着，越想控制胡思乱想反而就越是胡思乱想。

人们总是把焦虑归因为事情太大，其实，这是一个认识倒错。焦虑的本因是对事情过分看重。针对焦虑产生的特点，我们要想从根本上消除焦虑，就要培养形成"无所谓"的心态。

孩子晚归，如果妈妈这样想："是福不是祸，是祸躲不过，真该出事，在家里急死也是没用，不该出事又何必着急！干脆豁出去，随它去吧！"
如此，心理上便放松了；如果失眠症患者以一种无所谓的心态来想："能
睡着就睡着，睡不着就睡不着，我就不信我天天都睡不着。"那么，顺其
自然的心态便会让整个人都轻松。

　　总之，每当我们要焦虑时，先不要管具体的事项或是感觉，先要果
断地命令自己形成一种无所谓的态度。然后，再去分析眼前所面临的问题，
分析方法可参考第五章中的"卡瑞尔公式"。

人就像弹簧，服从弹性定律。弹性定律是指在一定限度内，弹簧伸长的长度与其所承受的重力成正比，但前提必须是在一定限度内。

直面压力

——愈挫愈勇的心理学依据

美国一所学校进行了一项很有意思的实验。实验人员用很多铁圈将一个小南瓜整个箍住，以观察南瓜逐渐长大时对这个铁圈所产生的压力究竟有多大承受力。最初，他们估计南瓜最多能够承受大约500磅的压力。

然而，在实验的第一个月里，南瓜承受了500磅的压力；在实验的第二个月里，南瓜承受了1500磅的压力，并且当它承受到2000磅的压力时，研究人员必须对铁圈加固，以避免它将铁圈撑开。当研究结束时发现，在承受了超过5000磅的压力时，南瓜皮才破裂。

小小的南瓜居然能够承受如此巨大的压力，那么人类又如何呢？心理学家的研究结果表明，大多数人都能够承受超乎想象的压力，但承受的压力能达到多少，则取决于个体的抗压能力及应对压力的方式。

心理学家杰斐博士归纳出大多数人的压力处理方式。第一种人处理方式极好，他们在面临高度压力的情况下依然意气风发、愈挫愈勇；第二种人根本不处理压力，他们往往表现出精神紧张，一碰上压力就完全动弹不得；第三种人自以为把压力处理得很好，表面上似乎神色自若，内心里却是急躁难安，他们是以麻痹自己来适应压力的。

第一种人通常就是我们所说的强人。为什么他们能愈挫愈勇？芝加哥大学的柯巴沙博士认为，有三种人格特征是强人们所特有的，这些特征让他们能够抵抗压力。这三种特征是：执着于所做的事情，感觉能够把握自己，以及将改变视为挑战而不是威胁。正是由于这三种特征的存在，让这些强人们成为应付压力的高手。他们已经掌握了有效的压力因应与主控技巧。

对不同的人来说，因应与主控压力的程度与技巧各不相同。比较实际的做法是通过以下三个步骤来处理压力。

第一步：自我意识

清晰地评估每一种压力情境，以及你应对每种压力情境的方式，最重要的是，注意你对压力情境的情绪与生理反应，这样你就能针对什么方式对你有利、什么方式对你有害产生比较清楚的认识。建立一份个人压力日志会很有帮助，你可以借此留意你在面对某些特定压力源所造成的反应时采取的行动，并同时观察你的后期感受，如纾解、挫折、无助、疲惫等。这样进行一周之后，你就能体会并找出其中的明确模式了。

在清晰地进行评估之后，你便可以随之决定你愿为解决问题所付出的精力了。人的精力是有限的，因此，切莫浪费你处理压力的精力。要避免这一点，一个秘诀是评估你自己的价值观与目标。这有助于你厘清生活的重心所在，忽略琐碎的、不值得关注的问题，而在真正重要的问题上集中精力。

第二步：自我管理

实施自我管理的首要任务就是制定清晰的、具体的，随环境变化可适当调整的目标。而且，你所制定的目标应是略高且适度的。凡是成功与否主要取决于个体自身努力的事情，期望可以适当定高一些；凡是成功与否更多取决于客观因素的事情，期望不宜定得过高，因为这已超出了个人努力的范畴。

在目标执行的过程中，我们要学会将目标分解，这是一种有效的减压方式。不要奢望一下子达到目标，要将大目标分解为多个易于达到的小目标，一步步脚踏实地地前进。这样，每前进一步，达到一个小目标，便可以体验成功的感觉。

在目标执行的过程中，有一个重要的原则，也是理想的状况，就是能实现平衡，即懂得如何使工作与娱乐、紧张与松弛、投入与退出、施予与接受等，都保持在一种平衡的状态。平衡是每一位精于压力管理的人所恪守的要诀，掌握了平衡，就等于阻绝了混乱，从而让个体始终保持稳定的表现。

第三步：自我更新

自我更新是平衡的最高演练。它是一种不断更新、补充失去的精力（包括生理与情绪两方面）的程序。它可以让我们避免精力耗尽、情绪衰竭。如何自我更新，可参考第七章，特别是其中的"情绪枯竭缓解法"。

此外，由弗洛伊德的学生芮克创建的芮克式呼吸法，也有助于完成自我更新。芮克式呼吸法包括 10 多种，其中最基本也是最重要的一种方法如下：平躺于床上，手随意置于身体两侧，屈膝，脚踩着床，两腿之间留一个拳头宽的距离，放松，将注意力放在自己的呼吸上，张大嘴深呼吸（不是用鼻），吸气时先填满腹部，再填满胸部，吸气一定要尽量多，吸满之后立即自然地吐出去，保持呼吸均匀而连续，可以发出一点声音。每天坚持练习半小时，三四天之后你就会感到身上麻麻的，这是呼吸对了才会有的反应，是身体苏醒（生物能开始流动了）的标志。大约经过一个星期或两个星期，你的压力就会大大地缓解。

当遇到事情时，理智的孩子让血液进入大脑，从而聪明地思考问题；愚蠢的孩子则让血液进入四肢，以冲动的行为填补大脑的空虚。

压制而非压抑

——发泄怒气的健康方法

　　李文生已40岁，是某单位的业务骨干，其火暴脾气在单位是出了名的。一次，由于他在技术上出现了差错，领导罚了他几千元。这件事加上前两天两人之间产生的一点过节，让李文生怒火中烧，他气急败坏地扬言要去找领导算账。在多方劝说下，李文生虽然怒气稍减，但仍决定"君子报仇十年不晚"：先辞职不干，给领导来个措手不及，然后再伺机报复。半个月过去了，李文生报仇的冲动情绪有些缓解，但当他得知那位领导要被调到外省工作时，心理又不平衡了，他既恨自己当初为何没把那个领导揍一顿，又耿耿于怀于今日自己的处境，叹息道："如今铁饭碗也丢了，仇也没报成，真是鸡飞蛋打啊！"他就这样怀着错综复杂的心思，长期体验着愤怒的情绪，难以释怀。

　　愤怒是最危险的情绪。怀有愤怒情绪时，人往往表现出以下特征：血液涌向四肢、心率加快、肾上腺激素分泌旺盛，从而产生强大的身心能量。这种情绪在失控与失当的情况下，常会导致愤怒升级，并会使事态恶化。这是愤怒情绪最危险的特征之一。

　　愤怒情绪的另外一个重要特征是：它很少单独持续很长时间。心理学家艾克曼教授认为，恐惧经常先于或者紧随愤怒情绪出现，表现为害怕那些激怒我们的人有可能伤害我们，害怕我们自己失去控制而伤害了他人。有些人会把愤怒和憎恶两种情绪混淆，对他们所攻击的对象产生厌恶的情绪，或者厌恶自己如此轻易地动怒。有些人会对自己生气感到羞愧，从而产生负罪感。

　　作为人类情绪中的一种，愤怒情绪本身并无积极与消极之分。心理学家卡罗尔·塔弗瑞斯在研究后得出这样的结论：被压制的愤怒"并不必然导致我们情绪低落、溃疡、高血压、暴饮暴食，或者心脏病突发。……只要我们能够控制引发愤怒的局面，只要我们不是痛苦地坚守自己的愤怒，而是把它看成一种需要纠正的不满情绪，只要我们敢于对自己生活中的人和事负责，压制的愤怒一般就不会引起疾病。"

　　不仅如此，愤怒情绪的表达也可能产生积极的、建设性的效果。当然，这要看这种情绪所发生的动机、时间等是否恰当。

　　　几位同事聚在一起为一个研究项目制订计划。迈克对此计划提出了异议，言辞很不友好，还多次表现出蔑视。同事杰瑞试图向他解释，但被迈克粗暴地打断，且言辞更为激烈。几位同事便试图不理睬他，继续讨论，但仍未能阻止他的挑衅。于是，弗里德出来调解。他以一种坚定的、不容置疑的语气，以及略带愤怒的、不耐烦的表情告诉迈克："我们听到了你的话，但并不赞同，也不准备让你继续这样妨碍我们的讨论。如果你希望帮忙的话可以留下来，否则最好还是离开。"很明显，弗里德这种合情合理且坚定有力的愤怒表达方式起到了建设性的作用：

几分钟后，迈克默默地离开了会议室。

我们在生活中常见到发怒的人付出了不同程度的代价。这种结果并非愤怒情绪本身导致的，不正确的愤怒表达方式才是罪魁祸首。具体来说，不正确的愤怒表达方式包括以下几种。

◎ 无故迁怒。在没有查明问题真相之前，便随心所欲地将怒气发作在无辜的人身上。

◎ 压抑愤怒。把本该直接向某人表达的愤怒情绪转到自己身上，这也是不健康的。

◎ 滥施愤怒。即以攻击性的、怀有敌意的，或不恰当的方式直接将愤怒发泄到无关的人身上。

正确地调控愤怒情绪，并达到积极的、建设性的效果，需要我们将不健康的愤怒表达方式转变为健康的愤怒表达方式。

第一，运用情绪觉察术，留意自己身体内的变化，意识到自己的愤怒情绪并且关注这种感觉。可参考第二章的内容来运用相应的方法。意识到自己的愤怒情绪并关注它，最大的益处是使我们有可能调整或抑制自己的行为，重新评估当时的情况，并且采取最有可能排除愤怒根源的行为，防止自己被情绪牵着鼻子走。

第二，运用情绪评价术，尝试推迟动怒时间，让自己迅速冷静下来，重新评估事件。"当你想发怒的时候，要紧闭你的嘴，免得增加你的怒气。"试试苏格拉底的这个建议。在你想发脾气时，先问一问自己"该不该""值不值""有没有用"，并尝试通过改变肢体语言或姿势，以及改变面部表情的方式，使自己的怒火得到缓和。

　　第三，如果愤怒是当时解决问题的最好办法，那么，以不攻击对方的方式将不满表达出来。愤怒的表达应将人与事分开对待，即对事不对人，以不给对方施加过分压力的方式，陈述自己的观点，让对方认识到自己的错误。在事情结束之后，应以宽容的心态与辩证的思维看待事情的处理结果。

把你的苦难当作难得的经验，忍耐一时之痛去体会它，你将因为这些苦难而比别人更了解人生。

打开忧郁的枷锁

——想哭的时候笑一笑

印度诗人泰戈尔一生经历了诸多的磨难与苦痛，然而，这些磨难与苦痛并没能将他击垮。他不但经受住了接连不断的严峻考验，而且在文学领域取得了引人注目的成就，这一切均得益于他的心理平衡养生法。泰戈尔的小儿子在 13 岁时因患霍乱而死，这让他受到沉重的打击。他将全部精力投入到创办学校的工作中，对孩子们倾注了慈父般的爱。他虽失去了儿子，却找到了众多的"儿子"，弥补了内心的创伤。就在这一年，他发表了六部论文集、两个剧本、一部长篇小说。当爱妻病故后，他内心悲痛万分，然而他用诗来排遣悲伤，写下了 27 篇长诗悼念爱妻。泰戈尔还将死亡的悲剧看成生命的欢乐赖以表现的一部分，因此，他能以非常乐观的心态面对自己在临终前的病情，去世前他还写了两本诗集。泰戈尔实践的心理平衡养生法让他活了 80 岁。

在挫折与打击之下，泰戈尔运用心理平衡养生法成功地走出了阴影。然而，在现实生活中，尤其是处在生活节奏更快、人际关系更为复杂、生活压力更为巨大的当今社会，很多人常常会一不小心便陷入情绪的低谷，甚至落入忧郁情绪的恶性循环之中。

在心理学中，忧郁情绪涵盖了不同的悲观心境和行为改变，如悲伤、痛苦、郁闷、沮丧等，均可被视作忧郁的范畴。以悲伤为主的忧郁状态，我们称为迟滞忧郁；而痛苦更为显著的状态，我们称为激动性忧郁；而假如一个人时而忧郁，时而极度兴奋，那么这属于两极忧郁症，即传统定义下的躁郁症。

作为现代社会中普遍存在的一种情绪，忧郁情绪也被称为"心灵流感"，很多人在一生中总有某段时间（或长或短）生活在忧郁情绪状态之中。据报道，美国前总统老布什在竞选失败后的两个月内都曾经郁郁寡欢。一般来说，对于这种情绪，我们无须过度重视，但也应给与充分关注。一方面，忧郁情绪同其他情绪一样，其本身并无积极与消极之分。美国纽约大学心理研究小组发现，悲伤带来的负面情绪是平衡心理健康的重要环节，是人生来就有的自我保护功能。换句话说，悲伤也许对健康以及人生的成长有益。另一方面，如果这种情绪持久发生并使人越陷越深乃至不能自拔，便会产生极大的负作用，导致严重的抑郁症。严重的抑郁症是导致自杀的一个重要因素，需要全社会予以高度重视。

处于忧郁情绪状态中的人，如果能及时进行调节，积极面对所遭遇的现实和处境，接受失去与悲伤的现实，就有可能克服忧郁情绪，重新适应环境，恢复正常的生活。对于具有忧郁情绪的人来说，可以通过自我调节打开忧郁的枷锁，具体方法如下。

第一，接受现实，接受情绪，不要对抗

此种方法可以参考第一章的"情绪的臣服"、第五章的"唯'事实'为'真实'"、第八章的"接受与实现疗法"，以及"思维决定情绪"。

第二，转移不健康的忧郁情绪

通过采取其他行动减少与引起忧郁情绪刺激物接触的机会，以改变情绪反应。方法可参考第七章的"情绪转移"中的行动转移法、环境转移法、注意力转移法、比较转移法，以及反向情绪转移法。

在运用反向情绪转移法时，可以采取以喜胜悲疗法，想哭的时候不妨大笑，以此获得心情的放松。

第三，自我安抚

不要把摆脱自身忧郁情绪的希望寄托在他人身上，不要等待别人来安抚你。你要知道，别人没有这个义务，而你却有这个能力。所以，你需要自己安慰自己，自己善待自己，自己培养自己获得好心情的能力。自我安抚的方法是通过运用人体五种感官系统的相关行为来达到情绪的转变的。

视觉：通过做些什么来激发自己的视觉感官，使忧郁感减轻。

听觉：寻找能使你心情平静的声音，并专注地聆听。

嗅觉：自己身上或周边散发的香气，会使你产生愉悦感，助你放松。

味觉：忧郁时，避免食用过多甜食，不喝含咖啡因的饮料或酒。

触觉：拥护、触摸等肢体接触是形成良好感觉的方法。

第四，忘记痛苦与不快，构建人际支持系统

在学会忍受痛苦、应对痛苦之时，还要学会忘记痛苦，不要整天思考那些改变不了的事情；放下该放下的包袱，如果放不下，就找心理咨询师倾诉心中的苦闷，在倾诉中减轻痛苦。

与此同时，你还需建立一个人际支持系统，方便自己在需要时能够找到倾诉的对象。构建人际支持系统，还有利于你在获得支持和保持独立之间找到最佳平衡点，以便让你既可以独立思考，又可以运用外脑，从而理智行事。

消除嫉妒之心的五大法则

——根治不眠不休的嫉妒

我所厌恶的人，随便他们去哪里，只要不在我眼前就行。我的嫉妒也有洁癖，我绝不会嫉妒我所厌恶的人，哪怕他们在享福。

2003年1月21日凌晨发生的事，对河南省信阳市某中学409寝室的女生而言，无疑是一场噩梦。当天凌晨2时许，正在梦中熟睡的8名女生，突然被一阵撕心裂肺的尖叫声惊醒。被惊醒的女生纷纷起床，看到眼前的景象，大家都惊呆了：有人故意用硫酸作恶，将一个女生小张毁了容！与她同床而眠的好友晶晶的左手也被硫酸烧伤。

第二天，当老师和同学们纷纷去医院探望小张时，他们看到的已不是昔日所熟悉的那张清纯美丽的面庞，而是被硫酸毁掉的极度变形的脸！是谁向小张下了如此毒手？专案组在经过一系列调查之后发现，凶手竟是与晶晶同班的马某。原来，马某想害的人本是晶晶，但那一天恰好住在另一个寝室的小张来到了晶晶宿舍与她同住。

那么究竟是什么样的深仇大恨，让马某非得以如此残忍的手段谋害自己的同窗呢？马某的回答令办案人员目瞪口呆。她说："因为晶晶比较聪明，比我学习好，而且每次都幸运地被老师安排在较好的位置就座。我因学习比较差，总被安排到教室的后面。有时晶晶和我谈话也很伤我的自尊心，我心里对她很有气。

马上又要考试了，我心里的压力比较大，决定想办法耽误一下晶晶的学习时间，这样可以满足我的虚荣心，以免和她的成绩相差太远。考虑再三，我选定了用泼硫酸这个办法。"

半夜将浓硫酸泼向同学，只因嫉妒同学比自己学习好。如此无知的想法与残忍的手段令人不寒而栗。许多心理学家分析指出，嫉妒是人类的一种本能，是一种企图缩小和消除差距、实现原有关系平衡、维持自身生存与发展的心理防御反应，是当别人在某些方面超过自己，使自己的欲望不能得到满足时所产生的企图排除乃至破坏别人优越状态的激烈的情感活动。

客观地说，嫉妒心理人人有之，因此不宜单纯地将嫉妒看作一种病或者一种恶，而应该将其视为中性的事物。只有当它导致伤害发生时，它才成为一种病或者一种恶。伤己伤人的嫉妒情绪发展到强烈的程度时，会催生极端的行为，如前面案例中的惨剧。嫉妒者本人也会在此过程中承受极大的精神与肉体的折磨。正如巴尔扎克所说："嫉妒者遭受的痛苦比任何人遭受的痛苦更大。自己的不幸和别人的幸福都使他痛苦万分。"

尽管嫉妒有时会产生可怕的作用，但它也有另外一面。正如 20 世纪伟大的思想家罗素在他的《快乐哲学》中所言："嫉妒的一部分是一种英雄式的痛苦的表现；人们在黑夜里盲目地摸索，也许走向一个更好的归宿，也许只是走向死亡与毁灭。"

如何避免嫉妒导致死亡与毁灭，如何使它走向一个更好的归宿？罗素的建议是：像我们已经扩展的大脑一样，扩展我们的心胸。学会超越自我，在超越自我的过程中，学得像宇宙万物那样逍遥自在。

扩展我们的心胸，继而超越自我，最终消除嫉妒情绪，主要有如下五个法则可供参考与践行。

法则一：人贵有自知之明，要务必做到客观评价自我。嫉妒他人往往源于迷失自我。当一个人真正能够以客观的态度清晰地评价自我时，嫉妒的锋芒便会在正确的认识中钝化。

法则二：莫以己之长比他人之短，学会正确的比较方法。嫉妒他人往往是因为心理的失衡，而不正确的比较方法——以己之长比他人之短，则以贬低别人来抬高自己，事事要求公平，处处讲求平等，则是导致失衡心理产生的根源。正确的比较方法应是：用同理心辩证地看待自己与他人，学会理解他人、接纳他人，善于发现和学习对方的长处，纠正和克服自身的短处。

法则三：失之东隅，收之桑榆，正确看待生活中的得失荣辱。当别人拥有的东西，你渴望拥有而实际上又无法拥有时，嫉护心理便容易产生。事实上，聪明者都知道扬长避短，寻找和开拓有利于充分发挥自身潜能的新领域，以便能"失之东隅，收之桑榆"。这会在一定程度上补偿先前没被满足的欲望，缩小与他人的差距，从而达到减弱甚至消除嫉妒心理的目的。

法则四：让精神升华，化嫉妒为动力。一个精神上自足的人是不会羡慕别人的好运气的，尤其不会羡慕凭空而来的好运气。他所做的只是以更加积极进取的精神去充实自己、提升自己，让自己更优秀！

驾驭情绪反应环关键点

——6秒钟走出情绪电梯

> 再恶劣的情绪，你也可以战胜它，而且只需6秒钟时间，你便可将大脑中产生情绪的边缘系统与理性思考的脑皮质成功链接，做出支配行为的最佳决策。

　　徐太太有一个6岁的儿子。一日，儿子想学操作剪草机，徐太太便饶有兴致地教起他来。正在此时，电话铃响了，徐太太便进屋接电话。大约10分钟后，当徐太太挂掉电话走出房门时，她看到了令她心碎的一幕：儿子已经将剪草机推向她最心爱的月季花园，有3米长的花圃已经惨遭踩踏。

　　这一景象差点让徐太太哭出声来，她心里又急又气，下意识地抬高了手臂……这时，徐先生也出来了，他看着眼前的一切，马上明白了发生了什么事。他快步走到妻子面前，轻声地说道："亲爱的，事已至此，打孩子也无济于事啊。再说，这不正说明我们的孩子很聪明吗？他已经会使用剪草机了！而且，你想，我们现在最大的幸福是养孩子，不是养月季花，你说对吗？"终于，几秒钟后，徐太太的脸色便由阴转晴了。

　　当一个人即将爆发情绪时，如果身边有人能够进行有效的劝解和安慰，也许就会使人较快地平静下来。徐太太最终能够战胜突如其来的情绪，在很大程度上要归功于她的老公。但他人的帮助往往是可遇而不可求的，我们自身必须要具备自主调控情绪的能力。

一个通常的经验是：越是来得快的情绪，越是难以调控。这是有科学依据的。因为,情绪作为我们大脑中的边缘系统所产生的一种化学物质,受制于大脑的边缘系统,这一边缘系统的反应速度非常惊人,比我们的"逻辑思维中心",即脑皮质的反应速度快8万倍。因而,情绪在产生的那一刻,是完全不受我们负责任的脑皮质控制的。

那么，我们的情绪是否不能为我们自身所控呢？不是。我们完全可以控制我们的情绪,但前提是,你需要在情绪产生的那一刻耐住性子等待6秒钟的时间。因为在6秒钟之前,我们的情绪不受理智影响,属于人类天生的本能反应,即"纯情绪化的反应",只有经过大约6秒钟之后,大脑中的边缘系统才能完成传递情绪信息的过程——将它产生的情绪信息传递给脑皮质,这时,大脑的这两个重要部分才真正有了联系,我们的情绪与思考才能得以链接,从而彼此沟通并综合信息,完成"高情商"的决策与行动。这一理论来自心理学家、"6秒钟情商"的提出者麦科恩和弗理德曼教授。

那么，我们如何从容地度过这6秒钟的时间？如何确保在6秒钟之后一定能控制自身的情绪呢？在教授这一方法之前,让我们再来详细了解一下情绪产生与发展的整个过程。

麦科恩和弗理德曼教授研究发现，情绪的产生与反应是一个包含三个阶段的循环反应环。情绪在这个反应环中会有以下经历。

预备—产生—升级

这三个阶段有着不一样的运行时间,预备阶段的时间没有特定的长度;产生阶段的时间最为短暂，约为1/4秒钟；升级阶段的时间约为4～7秒钟,这个阶段也是我们的脑边缘系统将情绪信息传递给脑皮质的阶段。

在这三个阶段之间，都有一个关键点：

起点—引爆点—反应点

在完全自然的情况下，情绪将自动不断地循环这三个阶段。每循环一次，情绪的强度就会升级一次，就如"上电梯"一般，直到升至情绪的顶点。

在了解了这一点的基础上，如果我们想要控制自身情绪，便需要有效地驾驭情绪反应环的关键点，可以进行如下三步操作：

第一步：在情绪产生之前的预备阶段进行有效的"预防"，避免引爆

情绪预备阶段的时间可能是无限长的，而且情绪的产生就如同炸弹，会在不经意间引爆，让你猝不及防，仓皇应对。为避免这一情况，建议你在平时就养成情绪觉察的习惯，关注与留意你的情绪模式的引爆点。具体方法可参考本书第二章有关情绪觉察的内容。

第二步：在情绪产生阶段"及早介入"，肯定与接纳你的情绪

情绪产生往往只有短暂的 1/4 秒钟，比思考的速度要快上 8 万倍，因此，在缺乏理智调控的情绪产生阶段，我们并没有充裕的时间去应对。在这短暂的一眨眼的工夫之内，你唯一要做的就是反观自身。可将所有的注意力集中在自身的情绪之上，真切地体会、"正念"你此时此刻的感受，并且接纳你的感受，无论它是什么。

这是有效驾驭情绪的重要步骤。它能使你免于在情绪化的状态下做出纯粹情绪化的、未经理性思考过滤的行为与决定，避免为情绪所"绑架"。

关于接纳情绪的方法，请参考本书第一章中的"情绪的臣服"。

第三步：在情绪升级阶段"阻止升级"，暂停"6 秒钟"

如果前两个步骤你未能很好地把握，那么你还有一个机会，即在最后一个可被你控制的选择点上下功夫——阻止情绪升级。这也就是"按

下情绪的闸门"，即在你想做出决定或者采取行动之前，暂停 6 秒钟，让你脑部的"情绪与思考"进行成功的链接。

在这短暂的 6 秒钟时间里，你可以迅速运用第四章的"情绪评价"来洞察情绪的来龙去脉，也可以运用第五章的"情绪品质"、第八章的"情绪转化"来转变你的思维，还可以运用第七章的"情绪转移"来重建你的积极情绪。总之，无论使用何种方法，经过这短暂的 6 秒钟时间之后，你接下来采取的行动，便不会是本能的反应，也不会是情绪化的反应，而是充满理性的、高情商的、令人尊敬的、智慧型的反应。

我们自己要为创造内在的祥和、心灵的宁静负责，没有其他人能为我们达成这个目的。

后记：

一个懂得运用情绪调节法的人

当这本书接近尾声的时候，我感觉自己正在接受来自心灵的震荡：人活着其实是不容易的，但不容易却又能幸福地活着恰恰是人生本有的真义。这个真义就是：活着的不易需要你不断地克服自身的不足。反过来，克服自身不足的过程本身就是人生的幸福所在。

这就是我们通常所说的：快乐、幸福存在于挑战和进步的过程中。

写作这本书，使我越来越相信"幸福快乐是一种选择"。同样，"情绪调节是一种能力"也是至真之理。我们每个人都会经历曲折、不幸、烦恼与哀愁，不懂得运用情绪调节法的人，只能痛苦、被动，甚至极端地应对生活中的不幸；而懂得运用情绪调节法的人，则能够跳出自我打击的思想旋涡，释放阻塞的情绪能量，活出真实而幸福快乐的自我。

懂得运用情绪调节法的人，并不一定是生活中的幸运儿，他们甚至有可能会遭遇更多的不幸，犯下更多的错误。但正因为他们懂得运用情绪调节法，他们比更多的人具有更强的"自觉力""理解力""运用力"与"摆脱力"。也就是说，他们能对自己的状态保持高度的觉察，对自己与他人的情绪有清晰的理解，能够有效地利用每一种情绪的正面价值，能够成功地摆脱负面情绪的侵扰。

也正因如此，他们被我们称为"高情商"的人。在他们的身上，散发着迷人的人格魅力，我们因他们的存在而受到感染，受到鼓舞，获得振奋的力量。下面就让我们来看看他们是些什么样的人。

——首要的一点，最为明显的特征是，他们具有独立与坚定的人格特质，对自立和独处有强烈的需要，即不依靠别人来求得安全感和满足。遇到问题时喜欢冷静、独立地思考，把解决问题的最终途径归于自己身上。

——他们相信，自己才是自我生命的主宰，是自身情绪的主人。当出现情绪问题时，他们不会怨天尤人，不会归咎于他人，而是认为自己才是自身情绪的制造者，自己应为自身的情绪负责。

——他们能够客观地评价自我，清晰地知道自己的优缺点，并坦然接受自己的不足，因而他们能够选择适合自己的生活方式与人生目标，也不易被嫉妒、沮丧等消极情绪困扰。

——他们欣赏自己，喜爱自己，不以世俗的标准与眼光来评价自己。即使当他们不开心的时候，他们依然无条件地接纳自我。对于发生在自己身上的事情，他们坦然接受，而且有能力做出积极的改变。

——他们能够静下心来与自己的灵魂对话，反省自我是他们常做的工作，由此，他们能够保持心灵的宁静与正确的人生方向。

——思维决定情绪，正确的思维方式是良好情绪建立的根本。因此，他们有意识地训练自己的思维方式，努力摆脱各种不良的思维方式，如非此即彼的极端思维方式、以偏概全的片面思维方式、心理定势的偏见等。

——他们对自身的情绪有着敏锐的预测力、认识力、理解力、分析力，能够清晰地了解自己的情绪模式，知晓自己的情绪诱因与情绪盲点，因此能够采取有效的措施预防、调整自身的情绪。

——他们不仅能很好地调控自身的情绪，而且对于他人的情绪，他们也有着很强的免疫能力。当他们不可避免地要被他人的负面情绪影响时，他们会及时采取主动的、健康的、有益的措施释放这一情绪能量。

——对他人的情绪，他们也有着很强的感知能力，能够敏锐地捕捉与接收他人的情绪信息，并能够正确分析他人情绪产生的根源、动机，采取相应的应对他人情绪的措施。因此，我们常说他们是善解人意之人。

——"宽容他人就是解脱自己"。深知此理的他们，从不苛求他人。他们尊重身边的每一个人，接受他们每个人都有缺点的事实，以宽大的胸怀体谅与包容他人。

——胸怀宽广、坦率大度是他们的鲜明品质。因此，当别人在为一时的宠辱得失、付出与回报的不平衡而沮丧懊恼之时，他们能够超然笑对人生，以其不争，故天下莫能与之争。

——他们是理想现实主义者，有着明确的目标与崇高的追求，同时能够以坚定的毅力与务实的精神为实现心中的理想而努力。但他们不是完美主义者，因为他们绝不苛求事情的成败。他们相信：谋事在人，成事在天。面对任何结果，他们欣然接受，坦然处之。

——他们是积极乐观主义者。他们常常用"加法思维"与"利导思维"，以及"辩证法思维"等从不幸中看到收获，从挫折中体验乐趣，从苦难中经历成长，将失去的东西转化为自己所能拥有的东西。这种特点，让他们成为心智上的巨人与生活中的强者。

——活在当下是他们的一个强烈信念。他们不会沉浸在昨天的悲苦、欢喜之中，也不会空想着明日的得失成败，而是将所有的注意力集中在此时此刻正拥有的、正经历的、正体验的东西上，珍惜与满足于自己所拥有的，开动脑筋去寻求解决自己正经历的事情与问题的出路。

——正因为有着活在当下的理念，他人很少看到他们陷入担忧与焦虑之中。对于无能为力的客观现实，他们接受并承认自己无能为力；对于目前无法解决的问题，他们会选择暂时搁置。

——也正因为抱有活在当下的理念，他们很少后悔。因为，何必为打翻的牛奶哭泣呢？重要的是，把握现在。

——你常常会觉得他们是非常冷静的人。他们不会采取没有计划与评估的行为，越是遇到大事，他们的大脑越是高度集中，他们会快速地进行有计划的、周全的考虑，评估各种选择的结果，从而做出最佳的决策。

——你很少看到他们情绪压过理智时发飙的样子。尽管事情足以让他们气愤，他们依然会为自己的情绪安装一个闸门，等待合适的时间，以恰当的程度，为正确的目的，将情绪发在正确的人的身上。

——微笑常挂在脸上，不是因为他们每天都有开心事，而是因为他们觉得没有必要将烦心事挂在脸上给别人看，也没有必要让这些烦心事一直影响自己的心情。何况，保持一种面部表情将会引起真正的情绪，时常保持微笑还会有助于改善自己的心情。

——他们还掌握着有效的说话技巧与谈话艺术，"敏于行而讷于言"，在不需要说话的时候他们保持沉默，在需要说话的时候他们先思后说；他们一旦说话，就一定会令人信服，并且从不轻易出口伤人。

——他们似乎是很少耽于回忆的人。他们不会将过去忘掉，但他们深知，无论是快乐的经历，还是痛苦的体验，过去的都已经过去，因此他们不会让这些回忆影响与控制当下的生活。

——他们也有伤心难过等情绪化的时候，但他们懂得运用适当的情绪转移法来转移自己的情绪。因此，他们从不会在一种情绪状态下持续过久。

——如果情绪问题超出他们自身的调控能力，他们会选择在合适的时候，找合适的人以合适的方式倾诉与寻求帮助。

——执着于认定的事情；相信生命在掌握之中；将改变视为挑战而不是威胁——这是他们鲜明的人格特征。因此，他们常是那种愈挫愈勇的人。

　　——他们时刻追求进步，善于学习与倾听他人的意见，富有创造性，不断完善与更新自身的观念系统。

　　上面所述之人堪称完美。我们不可能完美，但我们需要努力接近完美。

参考文献

[1] 冯晓 . 别输在情绪掌控上［M］. 沈阳：辽海出版社，2017.

[2] 曾杰 . 情绪自控力［M］. 南昌：江西人民出版社，2016.

[3] ［美］戴尔·卡耐基 . 情绪掌控术［M］. 北京：中国商业出版社，2017.

[4] 周国平 . 少有人走的路：心智成熟的旅程［M］. 北京：求真出版社，2007.

[5] 郑一 . 改变你的坏脾气［M］. 北京：中国纺织出版社，2016.

[6] ［美］莉莎·特克斯特 . 与情绪和解［M］. 北京：北京时代华文书局，2018.

[7] ［美］凯利·麦格尼格 . 自控力［M］. 北京：线装书局，2015.

[8] 海蓝博士 . 不完美才美［M］. 北京：北京联合出版公司，2016.

[9] 成正心 . 活学活用情绪心理学［M］. 北京：电子工业出版社，2017.

[10] 郑日昌 . 情绪管理：压力应对［M］. 北京：机械工业出版社，2009.

[11] 孙科炎，李国旗 . 决策心理学［M］. 北京：中国电力出版社，2012.